"十四五"时期国家重点出版物出版专项规划项目
现代土木工程精品系列图书

临时看台结构与人群相互作用研究

袁　健　于素慧　王　炜　刘　聪　袁茂果　著

哈尔滨工业大学出版社

内 容 简 介

本书共 5 章:第 1 章为绪论,概述了临时结构及临时看台的背景、现状、关键技术问题和主要研究内容;第 2 章为临时看台人体跳跃和摇摆荷载,主要通过试验获得了不同跳跃和摇摆频率下的荷载时程曲线,并给出了计算模型;第 3 章为临时看台与人群相互作用试验研究,探索人群荷载对临时看台作用的机理,提出人体与结构动力的主要参数;第 4 章为人群与临时看台模型参数分析,主要通过改变人体动力参数、结构参数,分析不同参数组合下结构的动力响应;第 5 章为临时看台振动舒适度研究,给出设计指标。另外,附录部分给出了人体动力参数优化计算程序和参数分析。

本书可作为高等院校土木工程等专业教师、研究生和工程技术人员的参考用书。

图书在版编目(CIP)数据

临时看台结构与人群相互作用研究/袁健等著.—
哈尔滨:哈尔滨工业大学出版社,2025.1
(现代土木工程精品系列图书)
ISBN 978-7-5603-9332-2

Ⅰ.①临… Ⅱ.①袁… Ⅲ.①体育建筑－建筑结构－
结构荷载－研究 Ⅳ.①TU245

中国版本图书馆 CIP 数据核字(2021)第 014309 号

策划编辑　王桂芝
责任编辑　张　颖　丁桂焱
出版发行　哈尔滨工业大学出版社
社　　址　哈尔滨市南岗区复华四道街 10 号　邮编 150006
传　　真　0451－86414749
网　　址　http://hitpress.hit.edu.cn
印　　刷　哈尔滨博奇印刷有限公司
开　　本　720 mm×1 000 mm　1/16　印张 15　字数 277 千字
版　　次　2025 年 1 月第 1 版　2025 年 1 月第 1 次印刷
书　　号　ISBN 978－7－5603－9332－2
定　　价　98.00 元

(如因印装质量问题影响阅读,我社负责调换)

前　　言

现代临时看台具有优越的场地适应性和便捷的可拆装性,被广泛地应用于各种文体活动中。然而,短时间内聚集在这种结构上的大量人群,会产生突发性和同步性人群荷载,导致结构出现振动过大或者破坏的现象,进而引起人群恐慌甚至危及生命。准确揭示人群荷载变化规律和计算模式,以及研究人群与结构相互耦合机理,是临时看台最为重要的研究内容,也是今后临时看台智能计算的核心。当前研究工作主要集中于轻质楼板体系、人行天桥和固定看台等永久性结构,人群作用于临时看台的研究成果较少,但该领域却存在许多亟待解决的关键问题,尤其是不同国家的人体特征存在差异造成人体自激荷载不同,已有荷载模型不能有效地计算和生成国内人群荷载;临时看台在人群作用下的动力响应及人群动力参数均不明确,缺乏分析两者相互耦合模型所需的合理参数,人群在临时看台上承受结构振动的能力也未可知,相关限定值还需进一步研究。

本书针对国内人群荷载研究的现状,采用纵跳板和三维测力板等测试仪器,对观众突发性及协同性且主要自激励频段的人体荷载进行了测试和建模,建立了人群荷载形成过程,揭示了人群在侧向激励状态下临时结构动力性能变化机理,建立了静态人群动力参数,提出了人群荷载与临时看台相互作用模型,完成了人群振感实测试验,提出了基于烦恼率模型的临时看台振动舒适度表征技术,获得了加速度与人群烦恼率的关系,建立了不同频率临时看台舒适度限值和临时看台振动舒适度的定量设计方法;同时,利用 ABAQUS 软件对大型临时看台节点大间隙有限元进行了整体仿真与修正计算,对研究工作进行了验证,并进一步发现了人群荷载与临时结构耦合的时空效应特征。

本书由火箭军工程大学袁健博士、于素慧博士、王炜副教授、刘聪博士及袁茂果工程师撰写,全书由袁健统稿。

在此衷心感谢哈尔滨工业大学范峰教授、何林副教授对本书的支持,同时感谢对本书研究内容提供试验帮助的同学们。

限于作者水平,书中难免存在不足之处,恳请读者批评指正。

作　者

2024 年 10 月于火箭军工程大学

目　　录

第1章 绪 论

1.1 概 述

纵观古今,文化与体育平台是展示社会文化、促进健康娱乐、拉动经济的重要载体。放眼世界,全球文化与体育产业快速发展,演绎平台已成为公众户外活动的关键结构。进入 20 世纪以来,西方发达国家已将公众户外活动场所作为除房产、汽车之外的第三个"家"。我国在执行《国家中长期科学和技术发展规划纲要(2006—2020 年)》期间,于 2011 年提出了"推动文化产业成为国民经济支柱性产业"布局,2014 年出台了《关于加快发展体育产业促进体育消费的若干意见》,以及 2017 年国家印发了《国家"十三五"时期文化发展改革规划纲要》,提出要大力发展体育竞赛表演、会展、休闲、旅游和健身。大力发展体育健身、文化展演、休闲和旅游是美丽中国建设的必然,而文化大繁荣健康大发展使得无论室内小秀场还是室外大秀场,都迫切需要新的临时结构技术作为支撑。

"独乐乐不如众乐乐"的中国文化底蕴,造就了临时演出平台成为秀场中不可或缺的主体。这是因为一方面"经济搭台文化唱戏"有力地推动了临时结构的需求;另一方面文体活动逐渐走向户外,秀场活动的时效性和环境特殊性使得演出平台必然出现临时性,与永久平台相比,临时结构具有装拆快速、可重复使用等特点,其特有的场地适应性(图 1.1)及突出的性价比、环境保护功能使得临时演出结构成为文体演艺展示的主要平台,临时结构的需求必将与日俱增,临时结构将是适应未来社会发展的重要新型结构形式。

临时演出平台是应用最为广泛的临时结构。在娱乐性和竞技性秀场中,周围环境及现场氛围易使人群出现同步运动,导致传统临时看台结构或人群荷载向不可控的方向发展。如临时结构在使用过程中未能充分考虑人群荷载的时变性,将使结构呈现突发性破坏,并造成潜在的生命及财产重大损失。随着临时看

(a) 用于越野车比赛的临时看台（英国）　　　(b) 用于沙排比赛的临时看台（巴西）

图1.1　临时平台结构在文体活动中的应用

台的大量运用,人群运动造成的类似伤亡事件逐年上升,最为典型的事件是发生于 1992 年法国科西嘉岛巴斯蒂亚的一场足球赛中,大量观众同时进行跳跃和摇摆运动,致使临时看台结构突然倒塌(图 1.2),造成了 1 900 人受伤、18 人死亡的恶性事故。由于该类结构一般采用杆系构件组装,结构固有频率较低,而人体运动频率与其相近,人群活动时很容易引起结构共振,所以一旦出现人群同步性运动,将进一步加剧结构的振动,极易出现振动舒适度下降甚至结构安全问题,而在人行桥及大跨度楼板上使用的解决方案不能对临时结构起到有效作用。

(a)　　　　　　　　　　　　　　　　(b)

图1.2　法国巴斯蒂亚临时看台倒塌

　　准确计算人体(群)运动引起的临时结构响应,需要解决两个关键科学问题:一是生物体对结构的作用;二是结构对生物体的约束影响。人与结构相互作用(human-structure interaction,HSI)涉及结构工程、人体工程、心理学等多个学科,是一个复杂、跨学科的交叉研究领域,这种相互作用构成了临时看台结构研究的核心内容,即广泛应用于演艺和体育活动的临时演出平台,在承受复杂人群荷载时,确保结构安全和人群振动舒适性,是保障公众户外活动可持续发展的决定性因素。

1.2　临时结构

　　临时结构是满足安全和舒适度、可重用、便于拆卸、可扩可叠、快速安装和定制的一类特殊结构,传统和常用的临时结构包括施工中的各类脚手架、模板支架、栈桥、轿厢,演出和赛事中的临时舞台、看台,大型艺术临时建筑,救灾临时民居,军用临时靶标等。从荷载复杂程度上看,与生物体有耦合作用的临时结构是目前临时结构研究的关键领域。本节结合临时结构发展及应用现状,论述临时看台所需研究的问题。

1.2.1　临时结构概念

　　人们生活中会遇到很多临时结构,大到高层建筑使用的模板支架,小到农村家舍中搭建的简易屋棚,人类很早就开始使用竹和木材搭建临时结构。我国应用临时结构历史悠久,早在元朝,忽必烈在上都城(今内蒙古自治区正蓝旗五一牧场境内)就使用临时结构作为其暂时居住的竹宫(史记《马可波罗行纪》),这是我国文字较早详细记载的初步具备现代临时结构功能的雏形。而在现代,临时竹屋也常被人们使用,如某地采用竹子和 3 000 个塑料瓶搭建了 16 m² 的临时竹屋,作为田野蔬菜培育屋(图 1.3(a))。国外一张 15 世纪的手绘画展示了以木质杆件作为支撑构件的临时看台和舞台(图 1.3(b))。

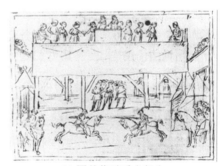

(a) 临时竹屋　　　　　　　　　　　(b) 国外临时看台舞台

图1.3　临时竹质、木质结构

　　如今,随着科学技术的进步,施工技术迅猛发展,新材料应用日新月异,临时结构被广泛应用于各种公共领域,甚至私人订制的临时结构也在蔚然兴起。根据临时结构功能需求的不同,可分为以下几类常见的建筑:临时房屋(temporary residence and sapce room, TRSR)、临时膜结构(temporary fabric structure, TFS)、临时观看平台(temporary stage and grandstand, TSG)、临时娱乐体育平台(temporary recreation and sports platform, TRSP)以及施工临时架体(scaffolding and formwork support structure, SFSS)等,现代临时结构形式如图1.4所示。

图1.4　现代临时结构形式

临时结构作为特定的一大类结构,而非具体指一种结构类型。查阅国内外资料发现了14种关于临时结构概念的描述,在结构使用的功能要求、建造方式以及使用周期等方面均有描述,但各表述不尽相同。本节结合这些概念,尝试性地给出临时结构的定义:利用专门构件,使用快速成形技术,可重用、可拆卸,且满足指定安全和舒适度的结构系统。

区别于传统意义上的永久结构,临时结构主要体现在施工方法上可拆可卸,节点设计上以插、搭、螺栓连接为主,主要优点体现在:结构特性与功能改变容易,组装及拆卸方便,构件与系统可重用,环境适应性强,环境扰动小,可定制。

1.2.2　临时看台

在众多临时结构中,临时看台是应用最久的一类功能结构,也是人群荷载作用较为典型的结构,作为本书的研究对象,主要原因有两点:

一是该结构应用越来越多,据统计,仅2012年,我国一、二线城市登记注册临时搭建看台就达1万余座,比2011年增加240%,特别是近5年来临时看台在增加速度加快,而临时看台在国际、国内大型公共活动中的应用也非常普遍,例如 2010 年广州亚运会、2012 年伦敦奥运会、2014 年南京青奥会以及 2016 年里约奥运会均采用了大量的临时看台(图 1.5)。

(a) 2010年广州亚运会

(b) 2012年伦敦奥运会

(c) 2014年南京青奥会

(d) 2016年里约奥运会

图1.5　大型运动会中的临时看台

不仅如此,临时看台使用的灵活性和通用性成为它的最大优点,如 2012 年美国海军军舰"巴丹号"上搭建了一个容纳 3 500 人的临时看台(图 1.6(a)),2018 年俄罗斯世界杯所使用的叶卡捷琳堡竞技足球场两侧围墙被拆除并搭建了容纳 1.8 万名观众的临时看台(图 1.6(b)),这种应用充分发挥了结构的优点。

临时看台虽有可折叠式和可拆卸式,但就使用灵活性方面,后者更被广泛地应用。临时可拆卸看台下部支撑构件多以杆系通过节点装配而成,节点形式从较早的扣件式向插式节点过渡,图 1.7 所示为临时可拆卸看台节点类型。这些节点使临时看台具有安装方便的优点,但也使结构整体刚度减弱,结构固有频率降低。临时看台竖向固有频率小于 8.4 Hz,而侧向固有频率普遍存在低于 5.0 Hz 的情况,加之结构聚集大量人群,成百上千甚至上万人在结构上形成的人群荷载非常复杂,有节奏的低频运动极易造成临时看台出现振动过大的现象。

(a) 美国海军军舰上搭建的临时看台

(b) 叶卡捷琳堡竞技体育场临时看台

图1.6　　临时看台使用的灵活性

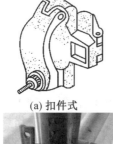

(a) 扣件式　　　　　　　(b) 碗扣式　　　　　　　(c) 承插式

立杆节点　斜杆节点

(d) 插销式　　　　　　　(e) 插盘式　　　　　　　(f) 螺栓式

图1.7　　临时可拆卸看台节点类型

　　临时看台逐渐成为社会上临时结构技术应用的标志性结构,临时看台技术含量的多寡已经成为衡量一个国家临时结构技术高低的标志。然而由于施工质量参差不齐,有效监管缺失,设计规范滞后,临时看台存在巨大安全隐患,如图 1.6(b) 所示,临时看台最后一排高度达 60 m,短时间内容纳万名观众,其安全与舒适度成为国际足联非常关心的问题。关于临时看台的安全,James 和 Hanna 于 1994 年统计了 5 起因人群荷载而发生的临时看台安全事故,临时看台在随后几十年快速发展的过程中,倒塌事故依然时有发生,如 2006 年巴西骑牛大赛临时看台突然倒塌,造成 600 人受伤;2010 年巴西赛车比赛中,临时看台突然倒塌造成近百人受伤;2012 年 2 月重庆某演唱会临时看台突然倒塌,致使 67 人受伤;同年 3 月 2 号瑞典斯德哥尔摩体育馆内临时看台倒塌,造成 20 人伤亡;2012 年 7 月 30 日伦敦奥运会伊顿多尼赛艇中心临时看台坍塌,这些事故除了造成重大损失外,也凸显了临时看台技术亟待提升的现状。2009 年 Brito 和 Pimental 分析了 1889—2008 年 93 个临时看台倒塌事件,发现体育和演出活动搭设的临时看台事故率最高,占所有事件的 71%,而且倒塌原因与结构和人群荷载相关的比例高达 83%。为了避免事故的发生,临时看台的安全设计成为解决问题的关键,如何合理并有效计算人群荷载,建立人群与临时看台相互耦合作用模型,提出临时看台舒适度的限定指标,是临时看台重点研究的内容,下节将对临时看台在上述领域的研究历史沿革、现状进行详细阐述。

1.3　人与临时看台结构耦合作用研究现状

人与结构相互作用一直是土木工程领域研究的重点,目的是避免结构产生共振现象,而现实生活中仍然存在很多共振问题。我国古代书籍中把这种现象解释为"同声相应"。《庄子》:"为之调瑟,废于一堂,废于一室。鼓宫管动,鼓角角动,音律同矣。夫改调一弦,于五音无当也,鼓之,二十五弦皆动。"描述了瑟的各条弦之间发生的共振现象。人与结构相互作用产生的共振事件有 1831 年英国曼彻斯特布劳顿大桥(图 1.8(a))和 1850 年法国昂热大桥(图 1.8(b))均因人群同步运动导致桥梁共振破坏。在国内,泸定桥曾在 1970 年 6 月 21 日因人群行走步伐整齐,桥梁产生强烈共振,一根底链发生断裂;21 世纪初,英国千禧桥开放当日,人群行走致使桥梁振动过大,说明人群荷载对结构振动的放大作用不可忽视。除了桥梁外,20 世纪 90 年代,人致看台振动越来越引起人们的重视,研究人致看台振动问题不仅需要分析结构的动力响应,还要考虑人体动力学,如何解决该问题,一直是当前研究的热点。

(a) 英国曼彻斯特布劳顿大桥

(b) 法国昂热大桥破坏前后

图1.8　桥梁共振事件

在临时结构设计中,承重构件需要满足两个要求:一是承载能力极限状态;二是正常使用极限状态。分析人与临时看台结构相互作用的基本思路,是从传统结构设计衍生出来的一个纵向研究方向,相比于其他结构类型,当临时看台在设计阶段考虑人与结构相互作用时,不仅需要确定人体作用在结构上的动荷载,预测结构的动力响应,而且还应确定人体的振动舒适度情况,临时看台结构设计框架如图 1.9 所示。由于这种相互作用涉及多个交叉学科,迄今为止,有关该方面的文献多数研究人体荷载或结构响应,侧重人体荷载及其耦合机理研究很少,过去的研究对象也主要集中于楼板、桥梁和永久看台及其构件,关于人群与临时看台体系的研究工作缺乏可借鉴的经验。

1.3.1　人体(群) 荷载

合理地界定人体荷载不仅能够保证结构安全,还能让临时结构的安装与拆卸及造价符合临时结构的定义,然而确定人体荷载是研究人与结构相互作用问题中最复杂的内容。1982 年英国谢菲尔德发生希尔斯堡看台倒塌事件致使 96 名观众死亡,英国对此颁布了《泰莱报告》,从管理层面上明确约束人群的活动。即使按照这些规定,由于客观的人群群集从众效应,管理者很难有效地控制人群

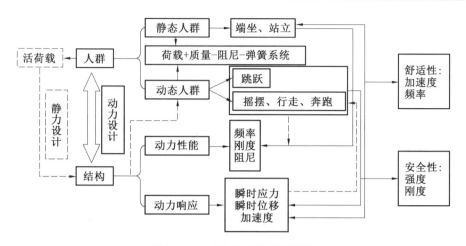

图1.9　临时看台结构设计框架

活动,人群荷载很难由制度进行边界约束,观众在看台上会不可控地出现多种状态,按事件的时间段可大致分为 3 种:一是活动开始前,观众陆续进入或走出,处于行走状态,极端情况下会出现大量观众涌入;二是中途休息过程中部分观众来回走动,活动结束阶段观众陆续离开,也都处于走动状态,在这些时间段内也可能会出现观众打架斗殴、拥挤踩踏等突发事件,造成的人员伤害属于非结构因素,需要从人员管控等方面加强警备;三是活动进行中,例如演讲、展览、高尔夫球赛、农业展及军事演习等活动,观众一般情况下保持端坐或者站立状态,但是如果遇到一些情绪诱发因素,如典型的足球比赛或者摇滚音乐的现场演唱会,部分观众甚至大量观众在比赛或演出的过程中会进行跳跃或者摇摆等协同性很强的运动,这一时间段所形成的人群荷载很容易使结构产生较大的响应,是临时看台荷载设计需要重点研究的内容。

　　1986 年 Saul 和 Tuan 在其人体运动荷载综述中提到,早在 1893 年 Kernot 给出了人群荷载设计值为 6.8 kPa。虽然目前人体荷载研究不再局限于将其定量等同为静态荷载,但在使用过程中,仍然需要考虑两种情况:一是设计过程中,不考虑人体荷载引起的结构动力响应,对此一些规范、标准或者规程将人体按照活荷载(live loads,LL)或者冲击荷载(imposed loads,IL)作用效应计算,具体数值见表 1.1。

表1.1　看台人体荷载设计标准值

规范名称	荷载设计标准值	
	竖向 /(kN·m⁻²)	水平方向
IStructE① BS6399—1	5.0(无座椅看台) 4.0(有座椅看台)	6.0%、7.5%、10.0%的竖向荷载标准值
IStructE/DTLR/DCMS	参考 BS5900	6.0%、7.5%的竖向荷载标准值
BSEN1991—1—1:2002 IStructE	4.0(有固定座椅和通道处) 5.0(无固定座椅处)	6.0%、7.5%、10.0%的竖向荷载标准值
NBCC②	4.8(当结构面积大于 80 m²，考虑折减系数 0.5＋(20/A)⁰·⁵)	≥0.30 kN/m(平行座椅方向) ≥0.15 kN/m(垂直座椅方向)
NEC③	5.0	2.5%的竖向荷载
BPS7007 Buildings Department④	正常使用状态 5.00～5.13 极限状态 9.45～9.47	— —
《建筑结构荷载规范》 (GB 50009—2012)	3.5	—

注:① 英国结构工程师协会;② 加拿大国家建筑规范;③ 美国国家电气规范;④ 中国香港屋宇署;A 为结构从属面积(m²)。

　　除此之外,其他一些看台设计资料提出了相应设计思路,如 TMS 指出临时看台设计应特别关注人群荷载的取值,HSL(Health Safety Laboratory)、LABC(Local Authority Building Control)和 MUTAmarq 对看台设计、安装、使用过程等方面提出了设计思路;考虑人体荷载引起结构动力响应,将其分为两种:一是人体运动荷载(active human load,AHL),如人在结构上行走、跳跃及摇摆等产生的荷载;二是人在结构上处于相对静止(passive human load,PHL)的状态,如人体端坐或者站立等对结构的作用效应。两种荷载在结构上的作用效应截然不同,前者主要引起结构动力响应,而后者能够影响结构的动力响应,两者都是结构振动的接收者。临时看台因结构特定的斜坡形式和座椅空间位置的布局,观众在结构上产生的人行荷载较跳跃和摇摆要小很多。

1.人体运动荷载

　　人体在结构上运动能够产生 3 个方向的动态荷载:竖向、前后和左右方向荷载,该荷载一般指人体脚部与结构面接触时,对结构面产生的冲击力(ground reaction forces,GRF)。1905 年 Morelan 通过试验测试了看台上的人群荷载,20 世纪 80 年代,随着计算机测试技术的发展,采用测力板测试人体竖向 GRF 成为一种有效的方法。1985 年 Tuan 和 Sual 利用测力板记录了人体竖向和水平向运动荷载,给出了竖向荷载设计值为 4.5 kN/ m²,水平荷载为336 N/m(平行座椅方向)、438 N/m(垂直座椅方向)。1986 年 Ebrahimpour 首次使用微型计算机记录了人体多种动作(周期跳跃、周期摇摆、突然站立、突然跳跃等)的单、多人荷载,并利用多项式在 1988 年拟合了单人荷载曲线,在 1989 年拟合了多人荷载曲线,但是测试的频率仅为 2.0 Hz、3.0 Hz 和 4.0 Hz,并且将荷载曲线简化为连续周期对称曲线。

虽然目前可以采用各种测试仪器获得人体运动荷载,如直接测试法采用力传感器、测力板、测力鞋垫、跑步机等,或者间接测试法如采用图像识别技术计算荷载,但定量精确描述并预测人体运动荷载仍是一件十分复杂且困难的事情。这是因为人体运动荷载是一种强随机的生物多体力学过程,不仅单个人体产生的荷载曲线存在不确定性,而且大量人群因运动非同步等因素将影响个体的输出荷载,造成人群荷载的计算十分复杂,但是人群荷载为稳态随机过程,采用合理的数学假设,可使统计函数逼近真实的荷载规律。

大量试验表明,人体在看台上进行跳跃或者摇摆等运动时产生的荷载,其曲线具有低频和近似周期性的特点,而多人或大量人群在结构上的荷载规律仍然处于未知状态。在这种背景下,不考虑结构对人体运动影响的情况下,通过测试单人荷载,提出合理的计算模型,并预测人群荷载是一种较为经济并能满足工程精度要求的研究方法,与跳跃荷载相比,摇摆荷载研究内容相对较少,本节将后者归纳于水平荷载内容中,以下详细介绍这两种人体荷载的研究现状。

(1) 跳跃竖向荷载(jumping vertical load,JVL)。

跳跃被认为是人体产生竖向荷载效应最大的运动形式,人体跳跃现象经常发生在易于引起激情共鸣的演唱会和足球比赛的观众看台中。由于跳跃节奏取决于现场氛围的激励,因此 Ginty 和 Littler 分别调查了音乐会节目的节奏频率范围,得出观众跳跃范围:单人为 1.2 ～ 2.8 Hz,多人为 1.5 ～ 2.5 Hz,大量人群为 1.8 ～ 2.3 Hz;另外,英国规范 BS6399(British Standards 6399)和英国建筑研究院(BRE)也给出了频率范围:单人为 1.5 ～ 3.5 Hz,多人为 1.5 ～ 2.8 Hz;而 Pernica 指出人体在 2.0 ～ 3.0 Hz 频段内跳跃时同步性最好,进而产生更大的荷载。本节通过对中国足球比赛过程中大量球迷跳跃的情景(图 1.10)进行统计,结果表明看台上球迷跳跃频率不高于 3.0 Hz。

图1.10　　哈尔滨国际会展中心体育场球迷跳跃

在探索人群荷载模型的过程中,早期通过测力板测试人体跳跃荷载获得了一部分荷载时程曲线,并均以不同级数的傅里叶计算式作为拟合公式。在1989年IStructE建议采用二阶半正弦式拟合跳跃荷载,即

$$W_t = \sum_{i=1}^{2} \alpha_i W_p \sin 2\pi f t \tag{1.1}$$

式中　　W_t——跳跃荷载,N;

　　　　α_i——跳跃荷载动态系数,考虑2阶时,$\alpha_1 = 1.5$,$\alpha_2 = 0.25$;

　　　　W_p——人体自重,N;

　　　　f——跳跃频率,第一阶取$1.0 \sim 3.0$ Hz,第二阶取$3.0 \sim 6.0$ Hz。

随后1991年欧洲国际混凝土委员会(Comité Euro-International du Béton,CEB)指南基于式(1.1),以傅里叶级数式作为跳跃荷载模型研究的第一阶段,即

$$F_p(t) = G + \sum G \alpha_i \sin (i 2\pi f_p t + \varphi_i) \tag{1.2}$$

式中　　G——单个人的质量,N,一般取800 N;

　　　　α_i——第i个傅里叶参数,人站立时取$0.17 \sim 0.38$,跳跃时取$1.7 \sim 1.9$;

　　　　f_p——运动频率,Hz,站立时取$1.6 \sim 2.4$ Hz,跳跃时取$2.0 \sim 3.0$ Hz;

　　　　φ_i——第i个相位,(°)。

1992年国际标准化组织(ISO)采用式(1.2),之后英国规范BS6399和丹麦规范在此基础上进一步采用下式:

$$F_s(t) = G_s \left(1.0 + \sum_{n=1}^{\infty} r_n \sin \left(\frac{2n\pi}{T_p} t + \varphi_n \right) \right) \tag{1.3}$$

式中　　$F_s(t)$——跳跃荷载,N;

　　　　G_s——跳跃者自重,N;

r_n——第 n 个跳跃参数傅里叶系数；

T_p——跳跃周期，s；

φ_n——第 n 个相位，(°)。

1997 年，Ellis 和 Ji 通过理论和试验得出式(1.1)～(1.3)计算参数，随后基于该式又进行了一系列的试验和有限元模拟研究。2004 年 Ellis 和 Littler 通过现场测试有节奏运动的人群荷载所引起的永久看台结构动力响应，以反推上述式中的傅里叶参数。

式(1.1)～(1.3)均认为跳跃荷载曲线为周期对称曲线，然而英国 IStructE、加拿大规范 NBCC(National Building Code of Canada)和国际标准 ISO10137 都认识到人群跳跃荷载的复杂性。于是 Sim 在 2006 年根据傅里叶式无法正确模拟单个人体和多个人体存在的跳跃荷载差异，提出了余弦平方式，以弥补荷载峰值的变化影响，该式为研究跳跃荷载第二阶段的成果。2002 年 Hansen 和 2008 年 Nhleko 利用跳跃形状参数结合伪变量结构质量荷载相互作用体系，提出了修正后的跳跃荷载模型，但仍假定跳跃是完全周期荷载曲线。

为了模拟跳跃荷载曲线的周期、峰值以及形状的变化随机性所造成的曲线非周期性和非对称性，2003—2011 年，Racic 和 Pavic 采用测力板和图像追踪技术对人体跳跃荷载进行了试验，其中参考文献[13,61－63]采用高斯叠加式模拟跳跃荷载，即

$$Z_i(t) = \sum_{r=1}^{100} A_{ir} \mathrm{e}^{-((t-t_{ir})^2/2b_{ir}^2)} \quad t \in (0,0.5), \ i = 1,\cdots,42 \tag{1.4}$$

式中 $Z_i(t)$——第 i 次跳跃产生的无量纲荷载；

         A_{ir}——第 i 次跳跃曲线中第 r 阶高斯峰值对应的幅值系数；

         t_{ir}——第 i 次跳跃曲线中第 r 阶高斯峰值对应的时间点；

         b_{ir}——第 i 次跳跃曲线中第 r 阶高斯峰值半幅值对应的宽度系数。

以上是模拟单人跳跃荷载的计算式。少量或者大量人群的跳跃荷载，最简单的一种方法是将上述荷载式乘以人数进行叠加计算。当考虑人群效应(group effect，GE)，即不同人体跳跃会产生不同的跳跃荷载，人群跳跃荷载将不能进行简单的叠加。内在原因是不同人体自身的节奏感、运动姿势等因素造成彼此间存在明显的非同步性和非周期性；外在原因是结构空间限制、结构刚度低、走道板易振动等结构或构件的特殊性经过接触点耦合后，造成人体同步性降低。20世纪 90 年代，Ellis 在式(1.3)的基础上，提出人群荷载计算方法，即

$$F(x,y,t) = G(x,y)\left[1.0 + C_e \sum_{n=1}^{\infty} r_{np} \sin\left(\frac{2n\pi}{T_p}t + \varphi_n\right)\right] \tag{1.5}$$

式中　　$F(x,y,t)$——人群跳跃荷载，N；

　　　　$G(x,y)$——荷载密度和人群分布，N；

　　　　C_e——荷载跳跃参数；

　　　　r_{np}——考虑人群数量的第 n 个跳跃参数傅里叶系数。

但是，该文献未给出式(1.5)的具体计算参数。之后 Ji 和 Ellis 于 2004 年在音乐演出和球赛时，通过实测看台人群荷载产生的结构响应，反推式中的参数；另一种简化方法是根据人数叠加荷载并乘以人群荷载效应折减系数，如 Ji 和 Ellis 提出折减系数为 0.67，Ebrahimpour 提出折减系数为 0.65，Tuan 提出折减系数为 0.53。尽管 ISE 利用参考文献[66]提供的参数进行了理论和实测，发现存在较大误差，但采用折减系数不失为一种简单有效的模拟方法。一些学者也对少数人在测力板上跳跃以及多人在楼板上跳跃进行了试验研究，而另外一些学者采用非接触图像处理技术，研究看台上的人群荷载，为人群跳跃荷载的研究提供了另外一种测试手段。

以上是国外学者所做的工作，国内学者也针对性地进行了一些探索。如陈隽课题组采用三维动作捕捉技术，结合固定测力板研究了跳跃激励，并采用正弦平方式模拟人体跳跃荷载，秦卫红、刘进军也分别通过试验测试了人体跳跃荷载，他们提出的荷载计算式将人体跳跃荷载简化为周期对称性荷载，为国内人体跳跃荷载提供了研究基础。

综合以上文献研究成果发现，由于不同国家的人体因体重、身高、活动特性及文化地域性等因素的影响，产生的足底压力差异较大，即使同为欧洲国家的德国和英国，对结构产生的作用也不尽相同。所以以上提出的荷载研究成果可在限定的条件内使用，并且人体(群)荷载本身固有的随机性和复杂性还需更深入和广泛地研究。

（2）人体水平荷载(human horizontal load，HHL)

临时看台水平荷载，既包括人体摇摆产生的水平荷载，也包括人体跳跃在水平方向产生的荷载。虽然人体竖向跳跃能够产生水平荷载已被试验证实，但是并未给出具体的计算式。早在 1913 年，Tilden 已经提出考虑人体水平荷载的重要性；之后 1932 年 Homan 测试了人群在看台上运动产生的水平荷载。1985 年，Tuan 和 Saul 测试了人体站立和端坐状态下，1.1 Hz 摇摆运动后产生的水平荷载，获得了荷载幅值，并认为应注意人群在临时看台上进行摇摆活动所造成的结构振动过大的问题。Yao 通过试验测试人体在 1.0 ～ 3.5 Hz 摇摆状态下产生的水平荷载，认为荷载幅值是人体自重的 12% ～ 20%。2013 年 Nhleko 通过三维测力板测试人体摇摆产生的水平荷载,提出半经验式拟合摇摆水平荷载,这也是目前唯一详细体现摇摆荷载的计算式。关于临时看台人群水平荷载研究,1990年 Gibbs 在临时看台上测试了 6 个人的摇摆荷载,并通过理论简化计算结构响应。国内曹文斌和麦镇东利用一个简单的试验平台测试了人体摇摆荷载,分析摇摆对平台产生的影响。以上研究成果虽对人体(群)摇摆荷载进行了研究,但该领域的研究相对薄弱,特别是国内人体(群)摇摆荷载形成过程及对临时看台的影响均未涉及,需进一步探索。

2.人体静态荷载

在看台设计阶段,考虑人体运动造成的结构动力响应,按最不利荷载工况假定人群荷载为周期同步性曲线,将会放大人群荷载,导致设计结构远超实际荷载要求,从而增加建造成本。实际情况是总有一部分人处于端坐或站立状态。静态人体可能增加结构阻尼,也可能降低结构频率,在机械工程和生物动力学工程研究成果中,静态人体被模拟成质量－阻尼－弹簧体系,并给出了相应的计算参数,但是这些计算参数可能无法用于土木工程中的小变形结构。在土木工程领域,早期将人体直接按等质量施加在结构上,后来 Ji 经过试验测试上人后梁板结构的振动,证明静态人体模拟为质量－阻尼－弹簧系统的合理性,随后一些学者也提出了简化的计算模型,如常用的单自由度模型、二自由度模型,如图1.11 所示。

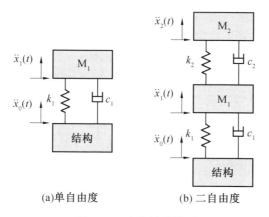

(a)单自由度　　　　(b) 二自由度

图1.11　　人体计算模型

基于以上计算模型,表 1.2 统计了现有文献给出的有关人体模型的频率、阻尼比和模型质量。

表1.2　　静态人体(站立或端坐)动力参数

振动方向	频率/Hz	阻尼比/%	模型质量/kg 或模型质量比
侧向振动	1.50	—	—
侧向振动	2.00 ~ 4.00	—	0.77
水平振动	1.00 ~ 3.00	30.00 ~ 50.00	—
竖向振动	5.74/5.88	69.00/61.00	76.10/70.60
竖向振动	4.90	53.00	46.70
竖向振动	5.00	32.00	86.20
竖向振动	3.30	33.00	91.00
竖向振动	3.50/3.70	34.00/36.00	83.00/75.00
竖向振动	10.43	50.00	25.00
竖向振动	4.90	37.00	80.00
竖向振动	5.24	39.00	85.00
竖向振动	5.00	40.00	—
竖向振动	7.50	30.00	60.00

1.3.2　人与结构相互作用研究现状

人与结构相互作用涉及的核心内容有:① 人体模型及荷载模型;② 人与结构耦合模型。准确预测结构因人产生的振动响应是一项具有挑战性的工作,其一是人体振动参数具有不确定性;其二是人与结构耦合作用分析本身复杂。对于钢筋混凝土梁、楼板和永久看台的人与结构相互作用问题,采用二自由度模型(图 1.12)简化计算是一种常用的方法。

为了明确人体模型及荷载模型如何模拟结构上的人体,BRE 通过试验认为,动态人群仅看作荷载激励,而静态人群应看作质量－弹簧－阻尼系统,Dougill 等研究证明摇摆人体能增加结构的阻尼。1983 年 Dickie、1990 年 Gibbs分别对临时看台进行了研究,分析了结构动力响应及计算方法;2008 年 David 和Gilbert 分析了 2001 年盐城冬季奥运会临时看台现场实测的结构动力响应,获得了结构动力特性参数。

由于生物力学的多体性,处于静坐(站)不动的人体也会对结构产生变化的荷载,形成时变阻尼,比如紧张的人群双腿紧压看台板或者双脚摩擦底板、双手紧握周围构件、躯干不动上肢挥舞等各种复杂反应,静态模型在耦合状态下并不"静",如何模拟静态人群计算模型也同样是耦合作用中分析的难点。许多学者

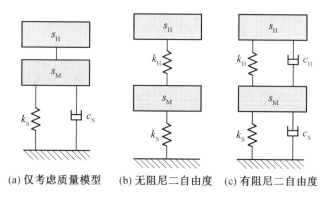

(a) 仅考虑质量模型　(b) 无阻尼二自由度　(c) 有阻尼二自由度

图1.12　人与结构相互作用简化计算模型

研究人与梁或板构件的相互作用,如 X.H.Zheng 等测试人体站立在板上进行竖向振动时的动力参数,得出频率为 5.24 Hz,阻尼比为 0.39;1987 年 ISO7962 规范给出了静态人体竖向模型频率为 4.88 Hz,阻尼比为 37%;2001 年 Brownjohn 研究得出人体站立固有频率为 5.27 Hz,阻尼比为 0.36;2006 年 Pedersen 通过试验验证了小部分人在楼板上体现的单自由度性能并认为人群竖向频率为 6.5 Hz,阻尼比为 0.38;之后 Sim 基于人与结构二自由度模型,分析模型参数变化对结构的影响;2010 年 Firman 更系统地研究了不同人群参数变化对结构动力性能的影响;2012 年 Noss 通过试验结合理论模型研究了人与结构的相互作用问题;随后 Noss 和 Salyards 通过试验测试了小部分不同站立姿势的人群对悬臂梁动力性能的影响;Zivanovic 等于 2009 年测试板空载和上人后的振动响应,得出静态人体对结构提供阻尼且阻尼比在 25%～35% 之间;Agu 理论分析了人体动力参数的随机性对人与简支梁结构相互作用的影响。由于上述结构或构件的刚度均较大,Yao 等考虑到柔性结构可能影响人体运动,设计柔性试验装置测试了人体弹跳、跳跃以及摇摆运动,认为运动人体在弹性结构上容易造成结构振动,并且 Harrison 在 Yao 设计的柔性试验结构上测试了人体弹跳和跳跃,发现结构能够发生近似共振现象,并在接近共振时人体运动荷载明显降低,但如果增加结构质量和阻尼,荷载降低程度将会减弱。

以上研究的结构多为梁板结构,对于看台结构,现场实测是研究人与看台相互作用最直接的方法,由此一些学者在此方面得出了他们的研究成果。Littler 测试可折叠临时看台上人体站立和端坐两种静态行为,结构竖向和水平向频率明显降低,表明人体可改变结构竖向和水平向振动性能;Reynolds 通过远程监控和现场实测看台结构,同样发现人群荷载能够明显改变结构动力性能,并且与人群在结构上的布局有关;Caprioli 现场实测了看台在不同人群运动状态下结构的振动和不同看台在相同人群荷载作用后的结构响应;Salyards 通过测试看台响应得出人群在音乐会比在足球比赛中能产生更大的振动响应;Cigada 通过监测看台振动,获得结构响应,分析结构模态响应;Comer 通过激振器和空气弹簧改变 15 人看台结构的动力性能,研究了人体跳跃时结构动力响应;Parkhouse 和 Ward 分析了看台承受人群动态荷载时的结构动力响应;Jones 等现场实测人致永久看台振动响应,对比了加拿大、美国和英国 3 个国家的规范值。

相比于现场实测,利用有限元模型计算大型临时看台响应也是重要的途径。Ibrahim 和 Reynolds 利用有限元模型,得出基于概率的人体运动荷载计算模型、频率和振型;Mandal 和 Ji 认为有限元模型中的结构斜撑和看台板能够有效提高结构刚度;Salyards 和 Hanagan 认为二维平面模型可预测竖向和前后方向结构参数,三维空间模型可预测平面外左右方向的结构参数,之后结合现场实测看台动力响应,用有限元验证模型参数取值的合理性;Saudi 等基于实测看台振动数据建立三维空间模型,认为非结构构件能够较大程度地影响模型的刚度和质量;Pavic 提出三自由度计算模型,并通过有限元建模和现场实测确定了模型的合理性;袁健等根据实测的跳跃荷载,采用 ABAQUS 建立 1 000 人看台,分析了结构动力响应;何林等针对临时看台承受人群荷载的结构节点和框架受力性能,通过有限元结合试验进行了系统的研究。

国内分析人与结构耦合问题,目前主要集中于人与梁板的相互作用,研究思路可借鉴于临时看台,与临时看台相关的文献也是以钢框架平台作为临时看台探索人与柔性结构的相互作用。除此之外,王景涛通过试验测试插销式脚手架临时看台,分析传统荷载作用下结构的安全性,虽然人与结构相互作用的研究工作已经有了大量的公开报道,但是以临时看台为结构对象的文献很少,并且国内针对实际临时看台侧向振动耦合作用的分析未有开展。

1.3.3　看台结构振动舒适度

外部环境振动对人体的影响,本质上是心理学的研究范畴。19 世纪 70 年代德国著名试验心理学之父——威廉·冯特(Wilheml Wundt)认为一切心理现象都是由不可再分的心理结构单位,即心理元素构成,其中心理元素包括感觉(sensation)和感情(feeling)两个要素。感觉呈现人的经验的客观内容,而感情显示人的经验的主观内容,是感觉元素的主观补充。感觉和感情都具有性质和强度的特性,可以根据这两种特性对感觉和感情进行分类和分析,由此冯特提出了试验内省法,即将试验法引入心理学中,增强了心理学研究的科学性,并针对心理要素分析提出了感情三度说(tri-dimensional theory of feeling):① 愉快－不愉快；② 紧张－松弛；③ 兴奋－沉静。在此基础上，20 世纪 30 年代把人对振动的反应特性运用到产品设计、环境评价中，并使这些研究成为现代新兴学科人机工程学（ergonomics human engineering）的主要研究内容。

结构振动按激励频率分为低频和高频振动。评价高频振动的标准有 BS 6472 和 ISO 2631，评价低频振动的标准有 ISO 6897。其中，低频振动是指 1 Hz 以下的振动，如高层建筑在风作用下的振动，海洋平台受海水和波浪作用下的振动；高频振动是指 1～80 Hz 的振动，如交通、机器、人等运动引起的结构振动。

如何确定结构振动与人体舒适度之间的关系，现代人体工程学主要从 3 个方面考虑：一是振动与人体活动。目前结构振动如何影响人的工作或者活动尚难以定量，ISO 6897 标准对海洋平台结构给出了"在较恶劣环境条件下从事工作"的振动限度。二是振动与人体健康。虽然很多振动可以导致人的生理受损，但是结构振动直接导致人生理损伤的情况并不多，然而由结构共振造成的身体损害却常有发生。判断振动对人体健康的影响，一般按照振动强度和身体经受振动的时间（暴露时间）大致分为 4 种情况：① 感觉阈，人体刚好感受到振动；② 不舒适阈，人体产生不舒适反应；③ 疲劳阈，人体产生生理性反应；④ 暴露极限，超过该极限人体会产生病理性损伤。对于大多数结构，当前规范在设计阶段基本都将舒适度控制在不舒适阈值，即使临时结构允许发生大位移，仍需慎重考虑采用暴露极限作为结构的舒适度指标。三是振动与舒适感。人体舒适感是指人在绝大部分时间内感受不到结构的振动，因此，需要确定人体感受结构振动的振感阈值，一般以结构振动加速度水平指标作为评判标准，通常采用加速度峰值（peak value）或均方根 RMS 值（root mean square value）或振动剂量值（vibration dose value，VDV）来评价振动舒适度程度。其中，加速度振感阈值是指大多数结构发生不可接受的振动加速度水平的下限，上限则在一定的振感阈值范围内变化。合理的上限取值依赖于结构振动特性、持续时间、人在结构上所从事的活动及其他视觉、听觉等诱导因素。ISO 标准、英国 BS 标准和德国标准化学会（Deutsches Institut fur Normung，DIN）标准，都以不同形式给出了振感阈值和一定振动持续时间下对应的振动加速度水平限值，这些限值通常称为振动舒适度限值，以便评价结构的振动舒适性。

在一般性条件下，结构振动由人体运动、机械振动、环境振动等引起，虽然大多数情况下结构局部或整体产生位移或变形不会造成结构安全问题，但会给工作、生活在结构中的人带来烦恼和不适。早期人体激励造成楼板结构的振动问题亦频频出现，随着结构自重的增加，人与结构共振的问题逐渐减少，但随着高强轻质材料的运用，现代结构追求更轻、更柔，结构在水平和竖向的频率越来低,这些特征使临时结构的振动问题体现得更为明显。由于端坐时人体竖向自振频率在 4～6 Hz 内,站立状态在 5～12 Hz,引起人体共振的频率范围为 3～12 Hz,该频率范围和一些楼板结构固有频率处于同一区域,由此解决人致振动引起的结构舒适度问题,娄宇等列举了各国在楼板、桥梁、人行天桥等方面规定的舒适度设计标准。

虽然人体能够感知结构的振动,但人体对结构振动的感觉测量受多方面的影响,受心理物理学(psychophysics)的支配严重。虽然人对结构振动的感觉是一种复杂的心理现象,但仍可采用试验内省法用问询表或调查表来反应振动的感觉,即要求测试者按某种等级标度,来描述自身的振感。心理学研究结果表明,不混淆区分感觉的量级一般不超过 7 个,常用 5 个感觉级别:无震感、轻微震感、明显震感、强震感、剧烈震感来表征。1931 年 Reiher 和 Mesiter、1971 年 Khan 和 Parmelee、1972 年 Chen 和 Robertson 以及 1974 年 Wiss 和 Parmelee 均采用调查表进行了结构振动舒适度的试验,图 1.13 所示为人体感受结构振动的主观反应和人为确定的舒适度等级示意图。

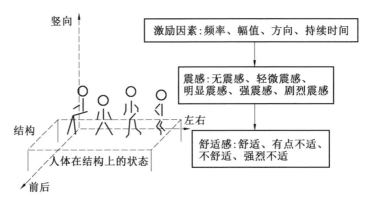

图1.13　　结构振动舒适度等级示意图

对大跨度楼板和人行桥的振动舒适度,常以结构的挠度或加速度或频率等参数作为约束指标,以挠度限定结构楼板的变形和桥梁构件的变形是一种常见的刚度指标要求。对于临时看台,由于结构安装存在的空隙以及节点的可拆卸性,允许结构出现大变形,所以不同的临时结构存在较大的变形偏差,传统挠度控制参数不易作为临时结构舒适度的度量指标。限定结构频率不失为一种有效的方法,国内外通行的规范给出了楼板和人行桥结构频率限定值(表 1.3),这些参考值不尽相同,当结构频率大于限值时,可以不验算结构的振动。

表1.3　　楼板结构和人行桥频率限定值

规范名称	结构竖向频率限定值 /Hz
《高层民用建筑钢结构技术规程》	不得小于 3.0
《高层建筑混凝土结构技术规程》	不宜小于 3.0
《混凝土结构设计规范》	住宅和公寓不宜低于 5.0 办公楼和旅馆不宜低于 4.0 大跨度公共建筑不宜低于 3.0
《组合楼板设计与施工规范》	不宜小于 3.0
ATC	商业楼板结构应大于 8.0
《城市人行天桥与人行地道技术规范》	天桥上部结构自振频率不应小于 3.0
《公路和铁路结构设计手册》	人行天桥结构自振频率大于 5.0 人行天桥柱纵向自振频率大于 1.0, 横向频率大于 2.0
《高速公路桥梁荷载》	人行天桥上部结构竖向频率大于 5.0, 横向频率大于 1.5
《人行荷载作用下人行天桥的振动评估》	激励的第一阶竖向振动频率大于 1.7 和横向第一阶频率大于 0.5 时, 应验算结构

　　英国 IStructE 对临时看台提出了具体的频率限制,指出若看台频率低于表1.4 中的值,需要专门进行动力计算,以校核结构的动力响应,避免结构发生共振现象。

表1.4　　英国对临时看台频率的限定

规范	竖向频率 /Hz	高阶效应个数	水平频率 /Hz	高阶效应个数
IStructE 1989	6.0	1,2	—	—
IStructE 1994	8.4	1,2,3	4.0	1
IStructE 1995	8.0	1,2,3	4.0	1
IStructE 1999	8.4	1,2,3	4.0	1
IStructE 2008	8.4	1,2,3	4.0	1

　　除此之外,国际上也有通过限定结构振动加速度作为舒适度的指标,美国和加拿大钢结构协会共同编写的《钢结构设计指南(第 11 册)》(AISC Steel Design Guide),建议了不同结构楼板振动舒适度参考曲线,如图 1.14(a) 所示,(Applied Technology Council,ATC)也建立了楼板结构振动舒适度控制曲线

（图1.14（b））。曲线均为双对数坐标系，横坐标为结构频率，纵坐标为峰值加速度。其中，AISC在实际应用时，考虑振动持续时间及振动距离的影响，引入0.8～1.5的系数，ATC根据结构楼板阻尼比确定峰值加速度限值。

我国《高层建筑混凝土结构技术规程》（JGJ 3—2010）和《组合楼板设计与施工规范》（CECS 273—2010）规定了楼板竖向振动加速度限值，见表1.5。

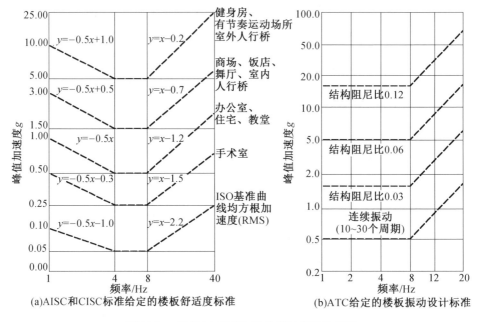

(a)AISC和CISC标准给定的楼板舒适度标准　　(b)ATC给定的楼板振动设计标准

图1.14　　楼板（人行桥）振动舒适度设计标准

表1.5　　我国楼板竖向振动加速度限值

人员活动环境／结构功能	峰值加速度限值／(m·s^{-2})		
	JGJ 3—2010		CECS 273—2010
	竖向自振频率不大于 2 Hz	竖向自振频率不小于 4 Hz	
住宅、办公	0.07	0.05	0.005g
商场及室内连廊、餐饮	0.22	0.15	0.015g

对于人行桥结构，英国在1978年给出的设计参考值已被多个国家采用，如中国（香港）、新西兰、南非等。除此之外，ISO标准、欧洲等国家也给出了参考值，见表1.6，表中除美国标准外，其他国家规定了结构第一阶频率小于 5 Hz 时应当满足的要求值。

表1.6 人行桥振动舒适度设计限值

国家、地区、标准	竖向加速度限值 /$(m \cdot s^{-2})$	水平向加速度限值 /$(m \cdot s^{-2})$
ISO 2631	4.3%g	1.7%g
中国(香港)	—	0.15
法国	0.5	考虑共振为 0.10; 不考虑共振为 0.15
AISC	室内 1.5%g,室外为 5.0%g	—
中国(香港)	0.5$(f_1)^{0.5}$(结构竖向频率小于 5 Hz)	—
BS 5400	0.5$(f_1)^{0.5}$	—
IIIinois	0.5$(f_1)^{0.5}$	—
SATCC	0.5$(f_1)^{0.5}$	—
Eurocode 1	0.7	一般使用为 0.2;满布荷载为 0.4

注:f_1 表示结构第一阶竖向自振频率,单位 Hz;g 表示重力加速度,取9.81 m/s^2。

在看台结构振动舒适度的研究工作方面,Kasperski 和 Niemann 选择 50 名警察在永久看台上感受振动,并基于 ISO 2361 给出的暴露极限曲线,获得加速度峰值舒适程度等级,如图 1.15 所示。

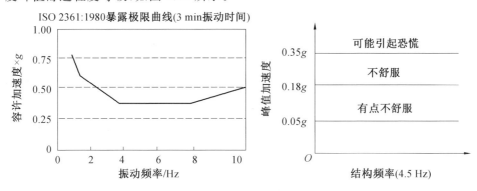

图1.15 Kasperski 基于 ISO 2361 给出的看台峰值加速度限值

英国 BS 6841 和 BS 6472 规范在人体振动舒适度方面也提供了一些有益的参考,分别对不同结构给出了可能出现人群负面评价的 VDV,见表1.7。BRE 基于上述两个规范在 Workshops 限值的基础上,将其放大并应用到看台设计中,而 Nhleko 根据 20 人永久看台振动试验,获得人体振感,对比这两个规范,提出了2.5% ~5.0%g 的结构加速度 RMS 限值,另外 NBCC 和 IStructE 2007 在看台方面也提供了相应的建议值。

表1.7　　人体振动舒适度设计参考值

序号	规范或文献	结构加速度限值
1	Kasperski	舒适：<0.66 m/s$^{1.75}$；烦恼：$0.66\sim 2.38$ m/s$^{1.75}$；不舒适：$2.38\sim$ 4.64 m/s$^{1.75}$；可能恐慌：>4.64 m/s$^{1.75}$
2	NBCC 2005	看台出现同步性人群活动：$4g\sim 7g$
3	BS 6841	舒适：$<3.2g$；有点不舒适：$3.2g\sim 6.4g$；相当不舒适：$5.1g\sim$ $16.3g$；非常不舒适：$12.7g\sim 25.5g$；严重不舒适：$>20.4g$
4	BS 6472 -1	住宅：$0.2g$；办公室：$0.4g$；工厂车间：$0.8g$
5	IStructE	永久看台：主要承受端坐观众 $3.0g$；举行流行音乐会 $7.5g$；强乐感演唱会（多数观众跳跃）：$20.0g$
6	Browning	强乐感音乐会：$2.20\sim 2.98$ m/s^2（2.77 m/s^2）；中等节奏音乐会和高知名度的运动比赛：1.01 m/s^2（1.04 m/s^2）；典型的运动比赛：0.40 m/s^2（0.42 m/s^2）；经典音乐会：0.32 m/s^2（0.42 m/s^2）

注：表中第 1 项为 VDV，第 $2\sim 6$ 项均为加速度 RMS 值。g 为重力加速度，取 9.81 m/s^2。

表 1.7 给出了与看台相关的人体振动舒适度设计值，其中规范 $1\sim 4$ 均以加速度均方根值 RMS 为设计指标，并且规范 1 所针对的结构为交通工具或工业活动所引起的结构振动；而 Browning 通过试验研究，以 RMS 为参考指标，根据永久看台使用功能，给出了对应的舒适度设计值，并与 IStructE 规定的看台加速度 RMS 值（表 1.7 中第 5 项）做了对比。另外 Kasperski 给出了与振感相对应的 VDV。

国内看台振动舒适度研究也开展了一定的工作，如现场测试体育馆永久看台在人群荷载作用下，人致结构振动是否满足舒适度要求。然而，针对我国人群特点的临时看台结构舒适度研究，仍处于空白地带。

1.4　　主要研究内容

临时看台人群荷载由于结构与人体激励的特殊性，研究耦合模型与舒适度是临时看台重要的关键问题，目前已取得的部分成果主要是基于永久结构的特性建立的，针对临时看台结构特性的我国人群荷载研究尚未系统地开展，面对社会需求迅速扩大的临时看台，本章上述的关键技术问题亟待解决，这主要体现在如下几个方面。

（1）临时看台人群激励荷载以跳跃和摇摆为主，已有的跳跃荷载模型主要以欧美人群参数为主，国内研究多假定为理想周期、对称性荷载，需要更充分地体现我国人群习性的跳跃荷载随机性特征模型；而摇摆荷载的研究更是鲜有报道，这方面的研究有待开展。

（2）人群对临时看台作用的耦合机理尚不明朗，当临时看台受到外部激励时，同时叠加人群荷载导致看台振动的规律是看台安全的重要研究内容，获取人群与临时看台相互作用的耦合模型，由此模型所涉及的人群和结构参数，急需设计合理的试验方案以进行探索。

（3）人群荷载自身反映出的复杂动力特征，以及临时看台结构动力参数由此所受到的影响，需要系统、充分地分析，以揭示人群荷载变化对结构响应影响的内在规律。

（4）传统结构舒适度限值是否适合临时看台，特别是临时看台受到侧向振动激励，考虑人群振动舒适度是临时看台设计的重要考虑指标，既有研究成果的运用条件并不适用于临时看台结构，如何建立临时看台在侧向综合振动条件下的舒适度指标，具有重要的理论意义和工程实际价值。

基于以上关键问题，本章展开了以下系统性研究工作。

（1）人体（群）激励荷载试验。

利用测力板装置，采集国内人体在自激励方式下产生典型运动所输出的荷载，测试人群在临时看台上体现的荷载特征参数，为计算人群荷载提供了试验数据，为临时看台提供定量的人体荷载标准值，分析人体运动荷载曲线特征变量，建立人群跳跃、摇摆荷载模型。

（2）人群与临时看台相互作用试验。

在实际临时看台上，分别测试静态人群荷载作用下结构振动侧向随机响应，动态人群及侧向外部激励下看台振动响应。建立人与结构相互作用计算模型，获取静态人群动力参数，提出人群荷载作用下临时看台结构动力参数，探索人与结构相互作用的致振机理。

（3）研究人群及结构模型参数对结构响应的影响。

分析人群与临时看台相互耦合三自由度简化模型，提出耦合模型参数范围，通过大量参数计算，组合不同的人群荷载参数及结构状态，详细研究人群与临时看台结构响应变化的规律。

（4）临时看台振动舒适度研究。

以实际临时看台人群荷载耦合振动的数据为基础，通过不同振动幅值的激励，研究人对临时看台结构振动感觉的分布曲线，提出临时看台舒适度烦恼率模型，结合大型临时看台有限元模型，给出临时看台振动舒适度设计值。

第2章 临时看台人体跳跃和摇摆荷载

2.1 概 述

由于人具有较强的主观控制能力,能将外部环境作用于人体的外力利用生物功能进行自我调节,通过人体自身内力,抵消、克服或利用外力改变人体作用效应。人体内力作为运动的源动力,是内力与周围环境互相作用时产生的。人体运动既取决于内力也取决于外力,取决于它们如何统一整个运动所构成的动力结构。例如,以一个钟摆(图2.1(a))和一个人荡秋千为例(图2.1(b)),说明人体特有的自激内力原理。

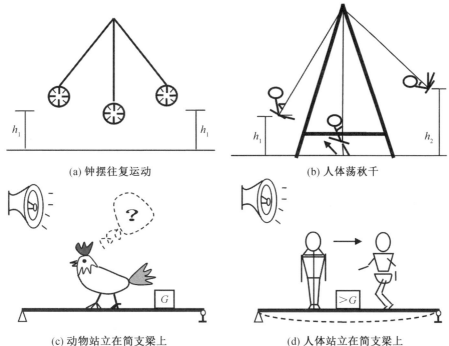

(a) 钟摆往复运动　　　　　　　(b) 人体荡秋千

(c) 动物站立在简支梁上　　　　(d) 人体站立在简支梁上

图2.1　人体自激内力作用

　　当分别给钟摆和荡秋千的人一个外力,在不考虑空气阻力的作用下,根据能量守恒,钟摆由最开始具有的动能向重力势能转化,摆动到一定高度 h_1 后,再返回至反方向相同的高度,然后往返循环;而对于人体,除了最开始具有的动能外,自身的生物能可自激人体,使得每次摆动的高度都不同。同样以一个动物(图2.1(c))和一个人站立在简支梁上(图2.1(d))为例,如果外部环境存在音乐等氛围,动物可能会没有任何反应,但是人体具有的自激内力可以让身体出现多种运动形式,如跳跃、摇摆和行走等各种复杂活动,对于同一梁,动物提供自重作为梁的外部荷载,而此时的人体,由于自激内力的作用,体现在梁承受的竖向荷载远远大于其自身的体重,并且水平方向也存在较大的荷载。从生物力学机理阐明人体对结构的作用,是人体利用自身生物能自激产生并以荷载形式体现的一种时变荷载,这是正确分析人群荷载效应的前提,本章接下来将人体自激内力作用于结构上的形式按"人体荷载"表示。

　　由于文化差异及人体体质的差别,不同国家人群人体运动体现的荷载曲线核心参数,如荷载曲线峰值比、周期和接触时间等特征参数变量各不相同,这些参数客观存在的多样性和随机性,使得目前还未有统一的计算模型,而临时看台人群荷载计算,需要可靠的理论指导,确定符合本国人体特点的荷载参数已经成为亟待研究的关键问题。当前提出的傅里叶谐函数、余弦平方式和多峰高斯式等跳跃荷载计算模型,主要以欧美人体试验数据为基础,并且摇摆荷载模拟方法的研究几乎没有。本章首先介绍在哈尔滨工业大学土木工程学院结构与抗震实验室,采用二维纵跳板测试仪器、三维人体生物力学测试仪器(三维测力板)Kistle9287CA(瑞士 Kistler)以及可穿戴测力鞋垫等测试仪器,采集我国人体跳跃、摇摆、突然站立、突然端坐的荷载试验(图2.2);其次,基于以上试验数据,建立人体荷载规范设计值,探索适合我国人体跳跃和摇摆荷载的计算模型。

　　二维纵跳板在测试人体荷载过程中,只需要将测力板放置于地面上即可;三维测力板则需要保证板处于固定状态,本章试验采用特制钢板与配重通过螺栓与测力板连接,并将其固定于地面;对于可穿戴测力鞋垫,测试者将鞋垫放置于鞋内,以记录测试者运动时脚部产生的地面荷载。前两种测试仪器采集频率设定为 1 kHz,采集之前需先对测试者进行称重;后一种仪器采集频率设定为 500 Hz,测试之前需进行仪器平衡,即将双脚平行放置,待仪器发出平衡提示音后方可进行测试。

(a) 二维纵跳板

(b) 三维测力板

(c) 可穿戴测力鞋垫

图2.2　测试仪器测试人体荷载过程

2.2　人体荷载设计标准值

　　临时看台所承受的人群荷载极限值,因人数、人群分布及运动形式的不同而具有一定的时变性,是一种典型的时变活荷载,这种随时间变化的荷载可统一用随机过程来描述。当不考虑荷载的结构动力效应,可根据观测和试验数据,采用统计推断原理,运用参数估计和概率分布的假设检验方法,确定荷载在任一时间点的概率分布和设计基准期内的参考值。参与统计的变量为不同时段内实测的人体跳跃、摇摆、突然站立、突然端坐数据的大量样本的荷载峰值,在最不利工况下,根据结构设计基准期内最大荷载概率分布的某一分位点,确定人体荷载设计标准值。

根据实际看台大量统计数据和视频资料,看台上的观众随机运动以两大类基本运动占优,即随着节拍以跳跃和摇摆两种姿态按一定节奏运动,另外观众也会出现突然站立或端坐的情况,并且运动人群多为青壮年。本试验选取 8 名测试者以模拟观众运动,其体重范围在 48.5 ～ 115.7 kg 之间,身高范围在 1.60 ～ 2.03 m 之间,年龄范围在 23 ～ 38 岁之间,测试者均为中国人,测试者基本物理特征见表2.1。

表2.1　测试者基本物理特征

测试者编号	体重 /kg	身高 /m	年龄 / 岁	性别
1	110.5	1.90	26	男
2	73.5	1.80	26	男
3	59.5	1.78	27	男
4	55.7	1.70	23	男
5	81.4	1.73	28	男
6	48.5	1.62	26	女
7	51.3	1.60	25	女
8	115.7	2.03	38	男

2.2.1　竖向荷载

1.人体突然站立和端坐

记录每名测试者突然站立和突然端坐时对座椅产生的冲击力,每个工况重复测试 2 遍。其中,二维纵跳板记录测试者 3 号、4 号和 5 号共36次试验结果;三维测力板记录所有测试者的 100 次试验结果。图 2.3(a) 和(c)所示为 3 号测试者分别进行某次突然站立和突然端坐的测试过程,图 2.3(b) 和(d)所示分别为对应的测试曲线。

以曲线峰值(波峰或波谷值)除以测试者体重,记作荷载峰值比,测试者在完成试验时,每个工况可进行多次站立或端坐,如图 2.3 中曲线所示,出现多个峰值。表 2.2 所列为二维纵跳板获得的每个工况中荷载峰值比最大的值,得出突然站立荷载峰值比范围为 1.40 ～ 1.84;突然端坐荷载峰值比范围为 1.85 ～ 3.97;表 2.3 所列为三维测力板测试结果,突然站立荷载峰值比范围为 1.72 ～ 3.23,突然端坐荷载峰值比范围为 2.64 ～ 4.90。两个表中数据均表明,突然端坐产生的荷载峰值比大于突然站立。

(a) 突然站立试验

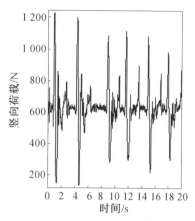

(b) 突然站立荷载

(c) 突然端坐试验

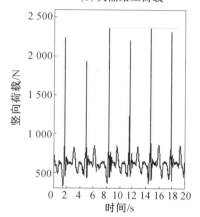

(d) 突然端坐荷载

图2.3　突然站立和突然端坐试验

表2.2　二维纵跳板测试结果

测试者编号	工况	荷载峰值比					
3	突然站立	1.84	1.73	1.73	1.72	1.70	1.70
	突然端坐	3.21	2.32	2.80	3.08	3.05	2.73
4	突然站立	1.48	1.40	1.53	1.67	1.54	1.63
	突然端坐	1.85	2.80	2.64	2.49	2.39	3.02
5	突然站立	1.81	1.77	1.80	1.80	1.72	1.80
	突然端坐	3.47	3.68	3.54	3.97	3.35	3.42

表2.3　　三维测力板测试结果（荷载峰值比）

测试者编号	突然站立	突然端坐	测试者编号	突然站立	突然端坐
1	2.67	2.71	5	1.97	4.90
	2.78	2.83		2.06	4.52
2	2.12	2.74	6	3.23	3.03
	2.17	3.07		3.01	3.26
3	2.08	4.23	7	1.81	2.64
	1.94	4.03		2.21	2.78
4	2.34	4.34	8	1.72	2.64
	2.81	3.89		1.93	2.78

2.跳跃竖向荷载

从实测的人体跳跃试验荷载曲线中提取其荷载峰值比，并作为检验样本，共计5 690个，图2.4所示为荷载峰值比在各跳跃频率下的分布情况，其值为1.8～5.4，该范围包含了突然站立和突然端坐试验获得的结果。

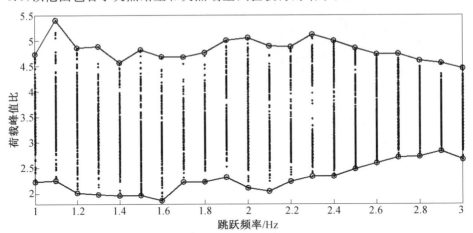

图2.4　　荷载峰值比在种跳跃频率下的分布情况

为了确定跳跃竖向荷载峰值比的规律，将所有荷载峰值比看作一个样本总体，每次跳跃荷载峰值比为样本点，样本观察值的最小数为1.866，最大数为5.396，取样本区间为(1.8,5.4]，以间隔0.2将其等分为18个小区间，统计落在每个小区间的样本观察值频数和频率，见表2.4。

表2.4　　荷载峰值比频数和频率

分组区间	频数 n_i	频率 n_i/n
$1.8 \sim 2.0$	7	0.006 151
$2.0 \sim 2.2$	37	0.006 503
$2.2 \sim 2.4$	88	0.015 466
$2.4 \sim 2.6$	231	0.040 598
$2.6 \sim 2.8$	427	0.075 044
$2.8 \sim 3.0$	709	0.124 605
$3.0 \sim 3.2$	887	0.155 888
$3.2 \sim 3.4$	784	0.137 786
$3.4 \sim 3.6$	560	0.098 418
$3.6 \sim 3.8$	497	0.087 346
$3.8 \sim 4.0$	388	0.068 190
$4.0 \sim 4.2$	352	0.061 863
$4.2 \sim 4.4$	306	0.053 779
$4.4 \sim 4.6$	203	0.035 677
$4.6 \sim 4.8$	143	0.025 132
$4.8 \sim 5.0$	61	0.010 721
$5.0 \sim 5.2$	9	0.001 582
$5.2 \sim 5.4$	1	0.000 176
$\sum$	$n = 5\ 690$	1.00

　　以组距 0.2 为底，以频数 n_i 为高作矩形（$i=1,2,\cdots,18$），获得荷载峰值比直方图，如图 2.5(a) 所示。荷载峰值比样本均值为 3.41，标准差为 0.60，计算分布形状统计量：偏度值和峰度值，其中偏度值为 0.41，表明曲线分布在右方向的尾部比在左方向的尾部有拉长趋势；峰度值 2.61 低于正态分布峰度值 3，为瘦尾型分布。正态分布检验也表明两端偏离直线较大（图 2.5(b)）。进一步，图 2.6 所示为以对数正态分布作为荷载峰值比的概率密度函数曲线（实线），并与正态分布（虚线）对比，曲线峰值分布表明对数正态分布更接近试验点。由此，对数正态分布的概率密度函数 $f(x)$ 为式(2.1)，其中均值为 1.21，标准差为 0.17，荷载峰值比 x 在 $1.8 \sim 5.4$ 之间取值，即

$$f(x) = \frac{1}{0.174\ 7x\sqrt{2\pi}} \times \mathrm{e}^{-\frac{(\ln x - 1.212\ 8)^2}{2 \times 0.174\ 7^2}} \tag{2.1}$$

　　根据式(2.1)，出现 95% 保证率的荷载峰值比为 4.5。

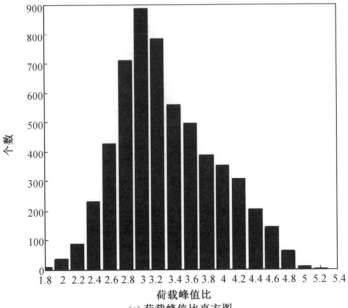

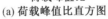

(a) 荷载峰值比直方图

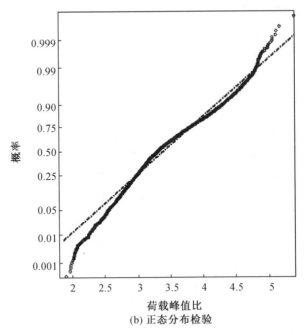

(b) 正态分布检验

图2.5　　荷载峰值比直方图与正态分布检验

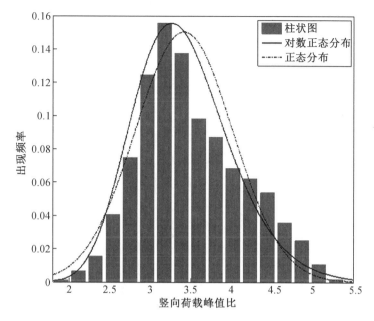

图2.6　跳跃竖向荷载峰值比概率分布

3. 竖向荷载设计值

根据国民体质监测公报,青壮年男士体重均值为 70 kg,女士体重均值为 54 kg。临时看台座椅间距和排距满足一定的尺寸,文献[21]给出临时看台座椅间距应不小于 460 mm,排距应不小于 700 mm。国内建筑设计中文化馆、电影院、剧场等设定座椅间距为 470～700 mm,排距为 780～1 150 mm;建筑设计中体育场、体育馆等设定坐式看台为 2.5～4.0 人/m²,站式看台为 5.0 人/m²。国内关于临时看台的规范规定有座椅看台排距不应小于800 mm,间距不应小于1.2 m。作者实地调研国内市场上多个不同类型的临时看台,测量座椅间距450～500 mm,排距在 700～800 mm,人均占用面积在 0.315～0.400 m²。

不同于表 1.1 给出的人体荷载设计值,本书考虑临时看台的事件功能、人群状态和所在看台结构区域等因素,精细化确定临时看台人体荷载。首先,根据看台满足的事件功能,划分人群可能出现同步运动的区域;其次,根据人群同步性程度,给出不同参考值,临时看台面板人群竖向荷载标准值见表 2.5。

表2.5 临时看台面板人群竖向荷载标准值

人群活动分类	看台使用功能、事件	均布活荷载标准值/(kN·m⁻²)
分类1:观众出现运动,同步性和周期性人群运动的可能性很小	演讲/展览、展出/演出、体育运动(网球、赛马、篮球、其他球类、田径运动等)、赛车、赛牛、高尔夫球赛、农业展、军事竞赛等	有座椅区域:2.0 无座椅区域、通道:2.5
分类2:观众存在的人群运动可能性大于分类1,包括同步性和周期性人群运动	音乐会、橄榄球、足球比赛、其他球类比赛(专业球迷可能出现周期性运动)等	非运动区域:按分类1取值 运动区域(包括座椅区域和通道区域):4.1~5.2
分类3:观众肯定出现大量同步性和周期性强的人群运动,且持续时间伴随着整个事件	最流行的音乐会、足球比赛决赛等	非运动区域:按分类1取值 非专业球迷运动区域:按分类2取值 专业球迷运动区域:5.2~6.6

注:分类2和分类3中的荷载取值范围应根据实际设计临时看台人均占用面积计算,当人均占用面积为 0.400 m²,对应的荷载值为分类2的4.1和分类3的5.2;当人均占用面积为 0.315 m²,对应的荷载值为分类2的5.2和分类3的6.6;当占用面积在两者之间,按线性插值计算。

分类1的值主要参考我国荷载规范给出的楼面均布活荷载;分类2和分类3的值,按照以下方式计算:① 以荷载峰值比为4.5作为临时看台设计使用期间出现的最不利值;② 人体体重按男士取均值70 kg;③ 将 0.315~0.400 m² 的范围值作为人均占用面积。人群出现同步性和周期性运动情况时,需要考虑人群效应的影响,如统一按照95%的保证率对应的峰值确定荷载标准值,会使结构设计在经济指标方面引起较大的波动,且过于保守,参考文献[66-69]提出了一定的折减,对应系数 k 在 0.53~0.67 之间。本书将下限0.53作为分类2对应的折减系数,上限0.67作为分类3对应的折减系数,则跳跃竖向均布荷载标准值 f_{vk} 按式(2.2)计算,即

$$f_{vk1} = \frac{kF}{A} = \frac{0.53 \times 4.5 \times 70 \times 9.8}{[0.315, 0.4]} = [4.1, 5.2]$$

$$f_{vk2} = \frac{kF}{A} = \frac{0.67 \times 4.5 \times 70 \times 9.8}{[0.315, 0.4]} = [5.2, 6.6]$$

$$(2.2)$$

式中　　f_{vk}——跳跃竖向荷载标准值，$kN \cdot m^{-2}$；

　　　　k——考虑人群效应的折减系数；

　　　　F——竖向荷载值，kN；

　　　　A——荷载占用面积，m^2。

2.2.2　水平荷载

本节考虑的水平荷载，包括人体摇摆和跳跃产生的水平荷载。采用三维测力板记录的一组人体摇摆荷载试验如图 2.7 所示，分别为人体站立摇摆和端坐摇摆。整理每组试验获得的水平摇摆荷载最大峰值比，见表 2.6。其中，站立摇摆荷载峰值比范围为 $0.18 \sim 0.38$，平均值为 0.24，标准差为 6.7%，方差为 0.4%；端坐摇摆荷载峰值比范围为 $0.18 \sim 0.37$，平均值仍为 0.24，标准差为 4.8%，方差为 0.2%，本节采用均值 0.24 作为设计荷载标准值。

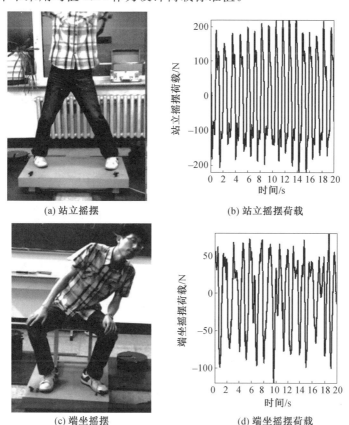

(a) 站立摇摆　　　　　　　　　(b) 站立摇摆荷载

(c) 端坐摇摆　　　　　　　　　(d) 端坐摇摆荷载

图2.7　摇摆荷载试验

表2.6　　水平摇摆荷载最大峰值比

测试者编号	站立摇摆	端坐摇摆	测试者编号	站立摇摆	端坐摇摆
1	0.38	0.27	5	0.19	0.37
	0.24	0.26		0.20	0.27
2	0.22	0.26	6	0.21	0.18
	0.18	0.28		0.23	0.18
3	0.37	0.24	7	0.18	0.24
	0.33	0.23		0.19	0.19
4	0.25	0.21	8	0.19	0.18
	0.30	0.23		0.22	0.24

　　人体每次跳跃产生的左、右水平荷载峰值比共计 10 308 个结果,直方图如图 2.8(a)所示,同样发现对数正态分布更为合理(图 2.8(b)),其中概率密度函数 $f(x)$ 按式(2.3)计算,荷载峰值比 x 取值范围为 0.05 ~ 0.80,即

$$f(x) = \frac{1}{0.685x\sqrt{2\pi}} \times e^{-\frac{(\ln x+2.526)^2}{2\times0.685^2}} \qquad (2.3)$$

　　该荷载具有 95% 保证率的峰值比为 0.23,接近摇摆试验提出的参考值 0.24。本书以 0.24 作为荷载设计参数,则左右水平线荷载标准值 f_{lk} 按式(2.4)计算,即

$$f_{lk} = \frac{F}{b} = \frac{0.24 \times 70 \times 9.8}{[0.7, 0.8]} = [0.205, 0.235] \qquad (2.4)$$

式中　　f_{lk} —— 水平线荷载标准值,kN/m;

　　　　F —— 左右荷载值,kN;

　　　　b —— 荷载前后方向宽度,m。

　　统计 10 308 个人体跳跃产生的前、后方向荷载峰值比,直方图和概率密度函数曲线如图 2.9 所示,仍满足对数正态分布,其概率密度函数如式(2.5)所示,其中荷载峰值比 x 取值范围为 0.1 ~ 2.0,即

$$f(x) = \frac{1}{0.662x\sqrt{2\pi}} \times e^{-\frac{(\ln x+1.051)^2}{2\times0.662^2}} \qquad (2.5)$$

　　该荷载具有95% 保证率的荷载峰值比为 1.2,考虑人群效应折减系数,荷载峰值比在 0.64 ~ 0.80 之间,则前后水平线荷载标准值 f_{fk} 按式(2.6)计算,即

$$f_{fk} = \frac{kF}{a} = \frac{0.64 \times 70 \times 9.8}{[0.4, 0.5]} = [0.87, 1.11]$$

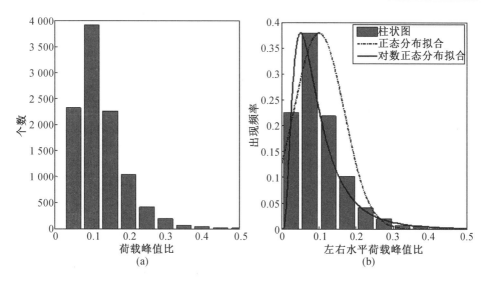

图2.8　跳跃侧向水平荷载峰值比分布及概率密度函数

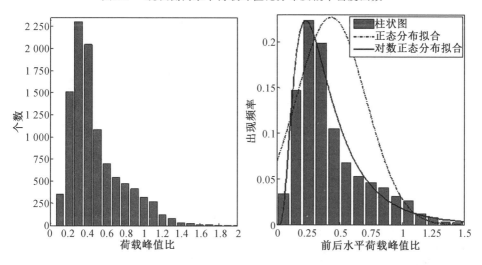

图2.9　跳跃前后水平荷载峰值比分布及概率密度函数

$$f_{\text{fk}} = \frac{kF}{a} = \frac{0.80 \times 70 \times 9.8}{[0.4, 0.5]} = [1.09, 1.37] \tag{2.6}$$

式中　　f_{fk}——前后水平线荷载标准值，kN/m；

　　　　F——水平荷载值，kN；

　　　　a——荷载左右方向宽度，m。

　　根据表 2.5 给出的人群活动分类，结合表 1.1 及以上计算的荷载值，分别给出了左右和前后水平荷载标准值，见表 2.7。

表2.7 临时看台面板人群水平荷载标准值 kN/m

人群活动分类	左右水平荷载	前后水平荷载
第1类	6% 竖向荷载	6% 竖向荷载
第2类	0.205～0.235	0.87～1.11
第3类	10% 竖向荷载	1.09～1.37

注：区间取值方法同表2.5。分类1只考虑1个方向的水平荷载研究；结构验算人体摇摆荷载区域时只考虑左右方向，结构验算人体跳跃区域时考虑左右和前后方向。

表2.6和表2.7给出的荷载参考值是依据结构区域和人群类型划分，与表1.1中各规范规定的值相比有高有低，这样对结构的设计更加具体和合理。荷载分项系数的取值与参考文献[27]相同，高于 4.0 kN/ m² 时取1.3，低于 4.0 kN/ m² 时取 1.4。

2.3 跳跃荷载试验与模型研究

当看台设计需要校核因人体作用产生的结构竖向动力响应时，荷载应按时程曲线考虑。由于人体竖向跳跃荷载作用最大，本节首先基于跳跃试验结果，分析荷载曲线特征参数，并提出合适的计算模型。

表 2.1 中测试者均参加了二维纵跳板和三维测力板的单人跳跃试验（图 2.10(a)），部分测试者完成了两人跳跃试验，分别为1组（由2号和4号组成）、2组（由4号和5号组成）和3组（由5号和6号组成）。考虑身体跳跃方向是否对冲击荷载耦合的影响较大，两人跳跃试验设计了背对背（图 2.10(b)）和面向同方向（图 2.10(c)）两个主要跳跃姿势。试验目的是获得测试者在外部环境驱动下进行跳跃后产生的冲击力曲线，以揭示单人或多人跳跃荷载变化规律。

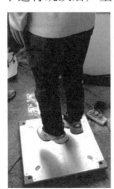

(a) 纵跳板和三维测力板单人跳跃 (b) 两人背对背 (c) 两人面向同方向

图2.10 单、两人跳跃荷载试验

根据对跳跃频率的研究结果,结合现场看台人群跳跃的调查,本试验使用节拍器将跳跃频率控制在 1.0～3.0 Hz 范围内。单人跳跃频率按 0.1 Hz 递增,两人跳跃在 1.5 Hz、2 Hz、2.5 Hz 和 2.2～3.0 Hz(0.2 Hz 递增)下完成。最初前几次试验过程中,测试者反映在连续进行 20 s 跳跃后身体出现疲惫状态,并且发现记录的荷载曲线峰值迅速下滑。为了采集利于结构设计的有效跳跃数据,后期设定人体持续跳跃 15 s,为尽量降低时域数据截断误差,采样频率选取 1 kHz。图 2.11 所示为 4 号测试者进行 2.0 Hz 跳跃时测力板记录的荷载曲线。

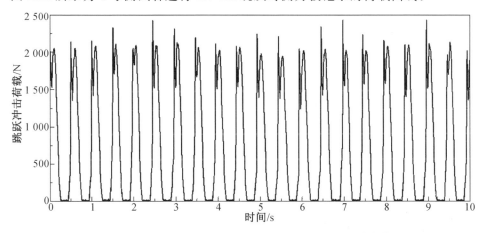

图2.11　4 号测试者进行 2.0 Hz 跳跃时测力板记录的荷载曲线

2.3.1　特征参数分析

由于人体跳跃为低频运动,为了提升信噪比,所有荷载曲线均采用低通滤波处理,其中截止频率取 20 Hz。图 2.12 所示曲线为图 2.11 中某一次跳跃荷载曲线(虚线),与参考文献[13]中 80 Hz 滤波效果(点虚线)相对比,20 Hz 滤波的曲线(虚线)更光滑,连续性更好,故采用该滤波值处理记录的 333 条有效曲线。

分析两种测力仪器记录的不同测试者单次跳跃荷载曲线,发现曲线存在 3 种形状:双波峰(宽域双波峰)、近单波峰(窄域双波峰)和单波峰。图 2.13 所示为 2 名测试者的大量单次跳跃曲线,随跳跃频率增加曲线形状变化过程为:双波峰主要出现在低频跳跃阶段;近单波峰曲线出现在 1.5～2.5 Hz 频段;单波峰出现在 2.0～3.0 Hz 频段。

通过观察录像,发现出现波峰差别的原因是测试者随跳跃周期的变化改变了脚部接触板面的方式。具体物理反应:低频率跳跃出现双波峰曲线,是因跳跃周期大,测试者接触支撑板时间较长,为了适应身体跳跃姿势,身体下落后膝盖处于弯曲状态,脚底需要全部接触板面;随着跳跃频率逐渐增大,测试者为了能

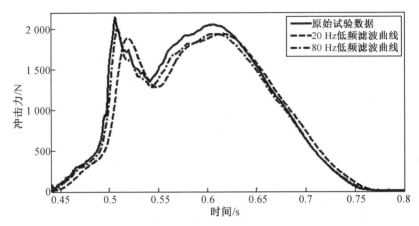

图2.12　试验数据滤波对比

够跟上节奏,脚底与支撑板接触时间变短,一部分测试者仍以脚底全部触板,另一部分则较早地改用脚尖触板,使冲击曲线从双波峰向单波峰过渡;当跳跃频率接近 $2.7 \sim 3.0$ Hz时,跳跃周期非常短,为了完成跳跃动作,测试者采用脚尖触板以缩短接触板面的时间,方便迅速调整身体腾空。图2.13(a)显示2号测试者跳跃曲线在频率低于 2.7 Hz时为双波峰,脚底应全部触板,3.0 Hz时为脚尖触板;图2.13(b)显示5号测试者在跳跃频率高于 1.9 Hz后,由脚底全部触板改为脚尖触板,曲线形状从双波峰向单波峰转变。由此可将测试者分为2种:脚底部分触板和脚底全部触板,其中4号和5号测试者属于前者,另外6名测试者属于后者,两种方式跳跃过程如图 2.14 所示。

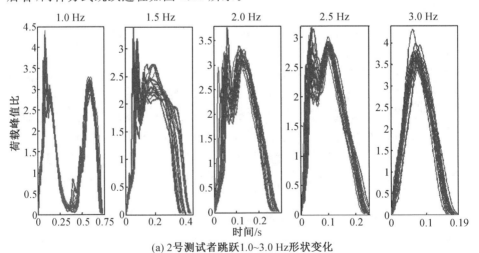

(a) 2号测试者跳跃1.0~3.0 Hz形状变化

图2.13　跳跃冲击力曲线

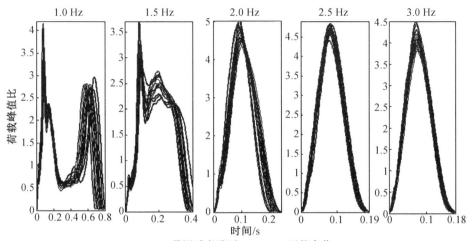

(b) 5号测试者跳跃1.0~3.0 Hz形状变化

续图 2.13

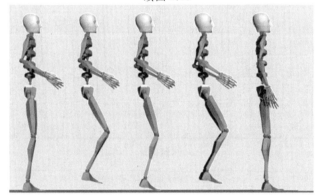

准备起跳　　第一次腾空　　脚尖触板　　第二次腾空　　第二次跳跃完成

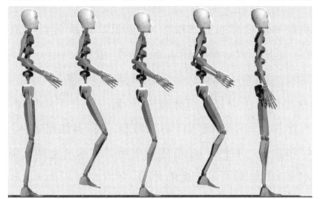

准备起跳　　第一次腾空　脚底全部触板　第二次腾空　第二次跳跃完成

图2.14　　跳跃时人体脚部接触地面的两种姿势

　　人体跳跃荷载是典型的强随机过程,影响荷载曲线的因素众多,但起关键作用的参数有 3 个:一是荷载峰值比 k_p,定义为单个冲击荷载曲线峰值与测试者体重之比;二是周期 T_s,代表完成一次跳跃所需时间,时间差规定为从向下冲击且荷载为零开始到相邻下一个向下冲击且荷载为零终止,其中本节以荷载值 15 N 为时间记录点;三是接触时间 T_c,为荷载值大于 15 N 对应的时间,代表人体脚部与结构接触的时间。图 2.15 分别给出了这 3 个基本特征参数在曲线中所体现的物理标量,图中 $F_{\max,i}$ 代表第 i 次跳跃产生的冲击力峰值,G 代表测试者体重,下面将详细分析这 3 个特征参数所遵循的变化规律。

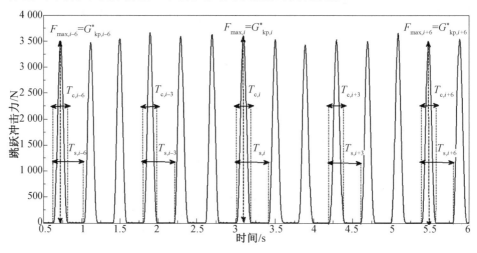

图2.15　　跳跃曲线特征参数

1.荷载峰值比 k_p

　　k_p 是衡量跳跃冲击荷载的重要指标,能够反映跳跃荷载峰值随不同人体、跳跃频率等因素的变化。以 2 号测试者 k_p 分布(图 2.16(a))为例,横坐标为跳跃频率,纵坐标为 k_p 值,空心圆点代表每次跳跃的 k_p 值,星形点代表各跳跃频率下所有 k_p 的平均值。图中数据点分布表明,同一人在不同频率下跳跃产生的 k_p 值变化范围不尽相同。不同测试者的平均 k_p 值分布如图 2.16(b)所示,脚底部分触板者(4 号和 5 号)的平均 k_p 值随频率增高先逐渐上升后降低,表明人体在某一频段跳跃时身体能够产生较大的冲击,之后高频段的 k_p 逐渐降低,人体跟随跳跃节奏较为困难;脚底全部触板者(其他测试者)的平均 k_p 值大小也不同,变化趋势也表明在某一频段处存在最大的平均 k_p 值。所有测试者的 k_p 值

（实心圆点）随跳跃频率分布情况如图 2.16(c) 所示，菱形点代表平均值，方形点为方差，方差在一定范围内波动，表明人体跳跃产生的冲击荷载具有不可忽略的变化性。

第 2.2.1 节虽然给出 k_p 符合对数正态分布，但在大样本下难以体现不同频率跳跃时 k_p 的变化特征。为了充分考虑个体和个体间的差异所导致的 k_p 变化，本节引入以平均值和残差形式表示的峰值比模拟每次跳跃值，如式(2.7) 所示。

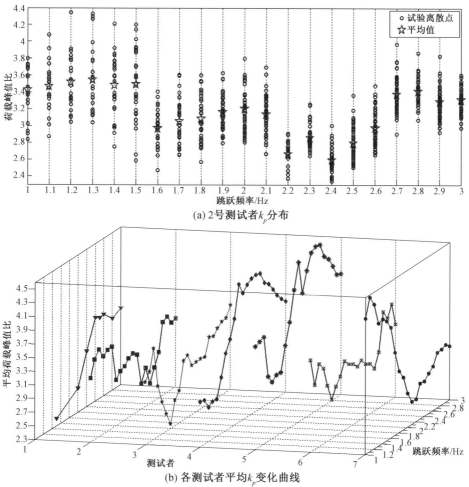

(a) 2号测试者 k_p 分布

(b) 各测试者平均 k_p 变化曲线

▼1号测试者 ■2号测试者 ▲3号测试者 ◆4号测试者 ✱5号测试者 ✳6号测试者 ●7号测试者

图2.16 k_p 分布

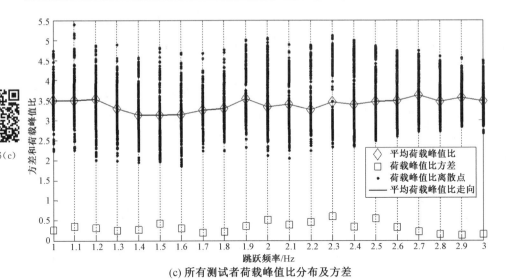

图 2.16(c)

(c) 所有测试者荷载峰值比分布及方差

续图 2.16

$$k_{pi}(f_j) = \overline{k}_p(f_j) + \Delta k_{pi}(f_j) \tag{2.7}$$

式中　　$k_{pi}(f_j)$——模拟人体在跳跃频率为 f_j 的情况下第 i 次跳跃产生的峰值比，其中 $j = 1 \sim 21, f_1 = 1.0$ Hz, $f_{21} = 3.0$ Hz;

　　　　$\overline{k}_p(f_j)$——图 2.16(c) 中实测荷载峰值比样本的数学期望;

　　　　$\Delta k_{pi}(f_j)$——模拟第 i 次跳跃产生的荷载峰值比残差。

将每个跳跃频率对应的所有荷载峰值比作为一个数组，然后用该数组的每个荷载峰值比减去本组数的平均值，得到以 $\Delta k_{pi}(f)$ 残差形成的样本数组，根据跳跃个数共计有 21 个残差样本数组，对每个数组进行 K-S(kolmogorov-smirnov) 假设检验，得出残差 $\Delta k_{pi}(f_j)$ 均满足正态分布(图2.17(a))，则截尾修正后的残差正态分布如图 2.17(b) 所示。然后以置信水平 0.95 形成置信区间，按截尾正态分布生成荷载峰值比残差数组，再用蒙特卡洛方法从中选取 $k_{pi}(f_j)$，结合试验获得的 $\overline{k}_p(f_j)$，将其代入式(2.7) 反算出第 i 次 k_{pi} 值，由此可以得出人体在不同频率下任意一次跳跃所产生的荷载峰值比。

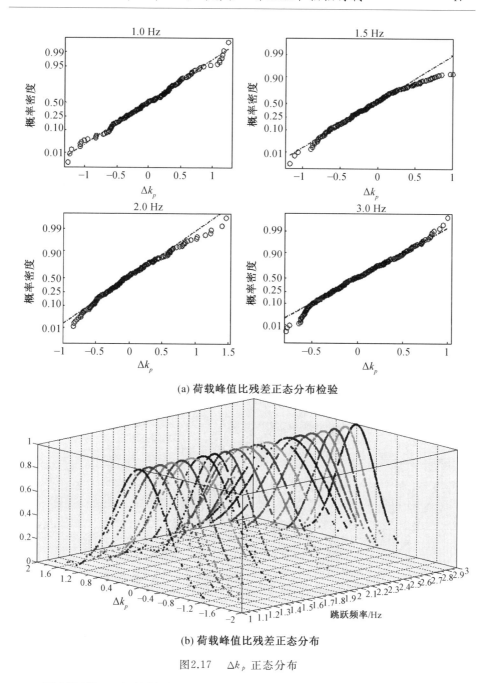

(a) 荷载峰值比残差正态分布检验

(b) 荷载峰值比残差正态分布

图2.17 Δk_p 正态分布

2.跳跃周期 T_s 与接触时间 T_c

T_s 和 T_c 两个时间参数不仅决定了跳跃曲线的宽度,而且能够反映人体跳跃的同步性。试验分别获得了 5 690 个实测的 T_s 和 T_c 值，如图 2.18 所示。其中，图 2.18(a) 所示为 T_s 和 T_c 值的分布，从图中可知，T_s 和 T_c 分布范围皆随跳跃频率的变大而逐渐降低。计算各测试者 T_s 平均值，如图 2.18(b) 所示，各曲线基本重合，其中跳跃周期偏差平方和最大值为 0.7%，仅占激励周期的 0.1%，表明测试者能够很好地跟随节拍器的节奏完成跳跃。每名测试者 T_c 平均值与平均曲线的变化情况如图 2.18(c) 所示，2 号测试者在 1.8 Hz 时存在最大的偏差平方和 0.026，占总平均值的 7.6%，表明 T_c 值变化幅度大于 T_s，这是因为测试者可以根据节拍器控制自己的起跳时间，但是起跳后的上升和下落阶段，则是完全的随机过程，自身难以控制，从而造成 T_c 值具有较大的波动性。

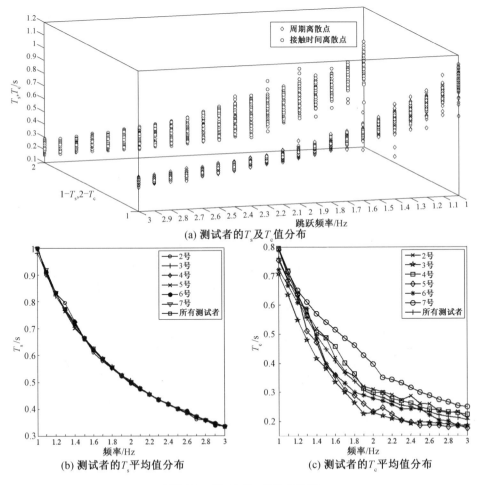

(a) 测试者的 T_s 及 T_c 值分布

(b) 测试者的 T_s 平均值分布

(c) 测试者的 T_c 平均值分布

图2.18　T_s 及 T_c 的分布情况

参考文献[66]将 T_c/T_s 记作跳跃接触比 α，根据图 2.18(a) 的数据，得到 T_c 与 T_s 之间的关系，以及 α 与跳跃频率之间的关系，如图 2.19 所示。图 2.19(a) 表明在整体样本下 T_s 和 T_c 的关系若按线性拟合，则接触比 $\alpha = 0.82$；图 2.19(b) 表明平均接触比与跳跃频率的关系，图中显示随跳跃频率的增加 α 值先降后升，最小值为 0.58，该值大于参考文献[66]提出的 1/3（正常跳跃），与参考文献[58]认为 α 值大于 0.5 的观点一致。这两个图表明若将 T_c 和 T_s 以 α 表示两者的关系，则无法体现每次跳跃的变化情况。

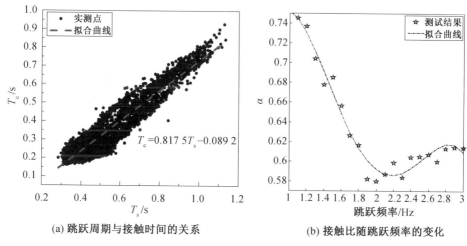

(a) 跳跃周期与接触时间的关系　　　　(b) 接触比随跳跃频率的变化

图2.19　整体样本跳跃周期与接触时间、接触比与跳跃频率的关系

为了更全面地体现 T_c 和 T_s 的变化规律，仍然将残差引入 T_c 和 T_s 的计算中，式(2.8)表示用残差模拟跳跃周期，即

$$T_{si}(f_j) = \overline{T_s}(f_j) + \Delta T_{si}(f_j) \tag{2.8}$$

式中　　$T_{si}(f_j)$——模拟人体在跳跃频率为 f_j 的情况下第 i 次的跳跃周期，s，f_j 的含义与式(2.7)相同；

　　　　$\overline{T_s}(f_j)$——实测跳跃周期样本的数学期望，s；

　　　　$\Delta T_{si}(f_j)$——模拟第 i 次跳跃的周期残差，s。

用残差表示的接触时间可写为

$$T_{ci}(f_j) = \overline{T_c}(f_j) + \Delta T_{ci}(f_j) \tag{2.9}$$

式中　　$T_{ci}(f_j)$——模拟人体在跳跃频率为 f_j 的情况下第 i 次跳跃的接触时间，s，f_j 的含义与式(2.7)相同；

　　　　$\overline{T_c}(f_j)$——实测跳跃接触时间样本的数学期望，s；

　　　　$\Delta T_{ci}(f_j)$——模拟第 i 次跳跃的接触时间残差，s。

分别对 $T_{si}(f_j)$ 和 $\Delta T_{ci}(f_j)$ 进行 K-S 假设检验(图 2.20(a)),均表明参数符合正态分布,则截尾处理后的正态分布如图 2.20(b)、(c)所示。

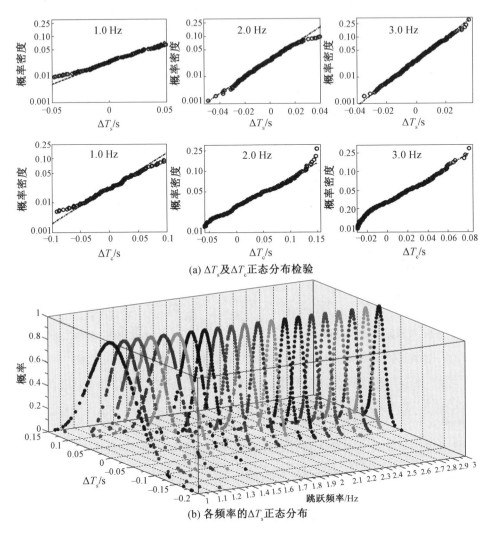

(a) ΔT_s 及 ΔT_c 正态分布检验

(b) 各频率的 ΔT_s 正态分布

图 2.20 ΔT_s 及 ΔT_c 正态分布

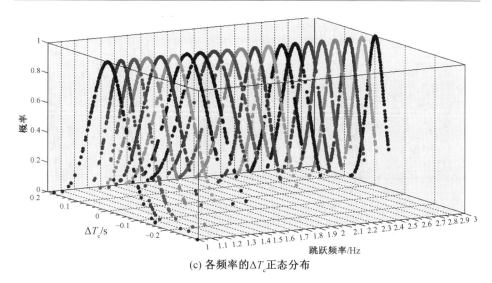

(c) 各频率的ΔT_c正态分布

续图 2.20

同样计算各频率下 ΔT_{si} 和 ΔT_{ci} 的置信区间及变量区间,在该区间内随机选取 ΔT_{si} 和 ΔT_{ci},代入式(2.8)和式(2.9),从而获得模拟的 T_{si} 及 T_{ci} 值,为了确保得出的 T_{si} 及 T_{ci} 的合理性,必须验证随机选取的 T_{si} 及 T_{ci} 之间的比值大于0.58 且小于 0.75。

3.特征参数相关性分析

特征参数相关性分析是建立人体跳跃荷载函数的前提,能够直接影响荷载模拟函数参数选取的有效性和可行性。为了揭示特征参数 k_p、T_s 和 T_c 之间是否存在相关性,首先分析 k_p 与 T_s、T_c 的关系。图 2.21 显示了 1.0 Hz、2.0 Hz 和3.0 Hz 的关系图,从图中可知,无论是个体内还是个体间,其相关系数基本都低于0.5。在其他跳跃频率下,k_p 与 T_s 和 T_c 两个特征参数同样反映出它们之间并不存在明显的相关性。

其次分析 T_s 与 T_c 之间的相关性,如图 2.22 所示,除 1.0 Hz 跳跃产生的 T_s与 T_c 具有一定线性关系外,其他频段内两者不存在直接的相关性。另外,随着频率的提高,它们的线性关系迅速降低,因此可以认定 T_s 与 T_c 在每一跳跃频率下无明显相关性。

根据以上分析,人体跳跃荷载曲线 3 个特征参数满足统计学相关性检验,为彼此独立变量,可以通过式(2.7)～(2.9)计算某一频率下任意一次跳跃所需的特征参数,这为探索人体跳跃荷载计算模型奠定了数理基础。虽然以上变量参数本身为随机变量,但是在本试验中获得的试验数据以及得到的密度函数符合相应的概率分布。

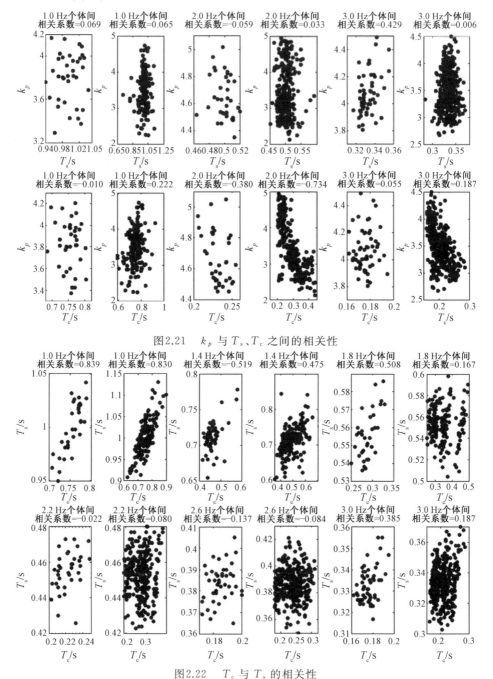

图2.21　k_p 与 T_s、T_c 之间的相关性

图2.22　T_c 与 T_s 的相关性

2.3.2　跳跃竖向荷载模型

为有效地将以上 3 个特征参数以计算模型的形式结合,首先基于荷载曲线形状,确定合适的拟合公式,然后验证所拟合曲线时域和频域特性的合理性,以确定跳跃计算模型的有效性,并在此基础上考虑人群效应,提出了人群跳跃荷载简化计算方法。

1.单人跳跃计算模型

首先确定拟合非单波峰荷载曲线的方法,参考文献[13] 提出高斯级数和ASD(auto spectra density) 主频密度曲线拟合方法,如式(2.10) 所示。该方法既能考虑荷载曲线形状的变化,也能体现曲线的非周期和非对称性,缺点是需要高阶高斯函数才能满足计算精度,参数个数一般为 100 个,鉴于此方法的不足,作者提出了基于 Tom 高斯计算方法的优化算法。

$$\begin{cases} Z_{si}(t) = \sum_{j=1}^{n} f_{ij}\, \mathrm{e}^{-[(t-t_{ij})/b_{ij}]^2} & t \in [0, T_{ci}] \\ Z_{si}(t) = 0 & t \in (T_{ci}, T_{si}] \end{cases} \tag{2.10}$$

式中　$Z_{si}(t)$—— 人体第 i 次跳跃产生的无量纲荷载值函数;

　　　　t—— 跳跃一次所需的时间,s;

　　　　f_{ij}—— 第 i 次跳跃第 j 个高斯曲线峰值;

　　　　t_{ij}—— 第 i 次跳跃第 j 个高斯曲线峰值对应的时间,s;

　　　　b_{ij}—— 第 i 次跳跃第 j 个高斯曲线宽度。

式中的 T_{si} 及 T_{ci} 分别按式(2.8) 和式(2.9) 取值。

非单波峰拟合曲线及误差如图 2.23 所示。由图 2.23 可知,频率越低人体跳跃荷载曲线形状越复杂,在满足相对误差 10% 的精确度要求下,利用高斯算法并自编程,将式(2.10) 作为目标函数,程序化拟合所有测试者的单次跳跃曲线,以获得式中 f_{ij}、t_{ij} 和 b_{ij} 的值,并分别形成各自的数据样本。以 1.1 Hz 和 1.5 Hz 曲线拟合为例,其中图 2.23(a) 所示为 1.1 Hz 试验曲线拟合结果,图 2.23(b) 所示为 1.5 Hz 试验曲线拟合结果,图中蓝色曲线为实测值,红色曲线表示多峰高斯拟合值,黑色曲线为各高斯式拟合值,得出均方根误差分别为 1.49% 和1.52%,验证了多峰高斯拟合算法的可行性。通过对 1.0 ~ 2.6 Hz 的跳跃曲线进行大量拟合,发现 n 最大值为 14(对应 1.0 Hz 跳跃曲线),此时计算参数只需 52 个,相比 Racic 提出的迭代参数大幅度减少,而 n 最小值为 4(对应 2.6 Hz 跳跃曲线),从而有效地提高了模拟低频跳跃曲线的稳定性。

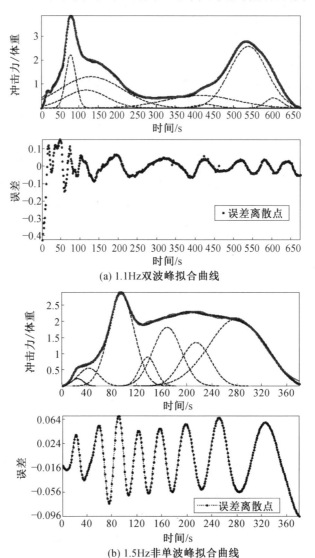

(a) 1.1Hz双波峰拟合曲线

(b) 1.5Hz非单波峰拟合曲线

图2.23　非单波峰拟合曲线及误差

　　单波峰曲线的拟合方法,以余弦平方式为目标函数,但不同于参考文献[43,58]的参数选取方法,本书以上述试验得出的时间参数和荷载峰值比来体现连续跳跃曲线的非周期和非对称性,按式(2.11)计算:

$$F_{si}(t) = k_{pi}\cos^2\left[\frac{\pi}{T_{ci}}\left(t + \frac{T_{ci}}{2}\right)\right] \quad t \in [0, T_{ci}]$$

$$F_{si}(t) = 0 \quad t \in (T_{ci}, T_{si}] \tag{2.11}$$

式中　　F_{si}——第 i 次跳跃的无量纲荷载值；

t——观众跳跃一次的时间，s；

其中，k_{pi}、T_{si} 及 T_{ci} 分别按式(2.7)～(2.9)取值。

为了检验式(2.11)以及 3 种参数选取的合理性，随机选取跳跃频率为 2.5 Hz 的单次荷载曲线，与该式计算的荷载曲线进行对比，如图 2.24 所示，其中图 2.24(a)所示实线为实测值，虚线为模拟值，图 2.24(b)所示为两者曲线误差，均方误差最大值小于 0.4，表明了式(2.11)的可行性。

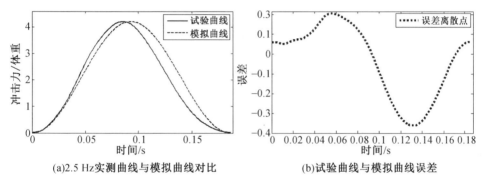

(a)2.5 Hz 实测曲线与模拟曲线对比　　　(b)试验曲线与模拟曲线误差

图2.24　2.5 Hz 跳跃荷载的单波峰拟合曲线及其误差

由于跳跃群体主要为青年，根据《国民体质监测公报》，青壮年男士体重均值为 70 kg，女士体重均值为 54 kg，体重标准差为 20 kg，按截尾正态分布，男士体重在 50～110 kg，女士体重在 40～80 kg，则男士体重遵循 $G \sim N(70 \sim 400 \text{ kg})$、女士体重遵循 $G \sim N(54 \sim 400 \text{ kg})$ 的正态分布，并按 95% 的保证率生成体重样本数组，由此模拟人体 N 次跳跃的步骤为：首先根据体重正态分布，用蒙特卡洛随机选取体重 G；其次根据式(2.10)或式(2.11)生成无量纲荷载曲线；最后按照式(2.12)输出跳跃荷载时程曲线，其中 T 为模拟跳跃的持续时间(s)，计算单位为牛顿(N)，即

$$G = g \times \sum_{i=1}^{N} F_{si}(t), \ t \in [0, T] \text{ 单波峰荷载曲线}$$

$$G = g \times \sum_{i=1}^{N} Z_{si}(t), \ t \in [0, T] \text{ 非单波峰荷载曲线} \tag{2.12}$$

利用 MATLAB 软件,快速再生人体跳跃荷载的自动计算,基本过程:① 基于试验获取 3 个特征参数和多峰高斯拟合参数样本,形成参数数据库;② 选择跳跃方式,确定曲线形状、跳跃频率、持续时间及人数;③ 由形状特征和跳跃频率选取参数数据库;④ 采用蒙特卡洛选取参数,确定最优拟合式,计算跳跃荷载归一化数据;⑤ 选择体重,模拟人体跳跃荷载时程曲线。人体荷载计算流程图如图 2.25 所示,基于该流程编写程序以实现仿真及输出跳跃频率在 1.0 ~ 3.0 Hz 内、任意人数与任意持续时间的荷载曲线。

为验证程序的可行性,以 1.5 Hz 和 2.5 Hz 的跳跃拟合曲线为例,从时域和频域上与实测曲线对比,如图 2.26 所示,其中时程曲线(图 2.26(a)、(c))均能保证曲线形状的相似性和一致性;频域结果如图 2.26(b)、(d) 所示,模拟曲线完整地包含了测试曲线中的主频,体现了主频对荷载的贡献程度。

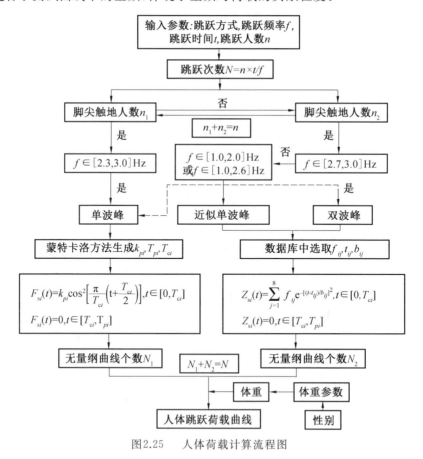

图2.25　　人体荷载计算流程图

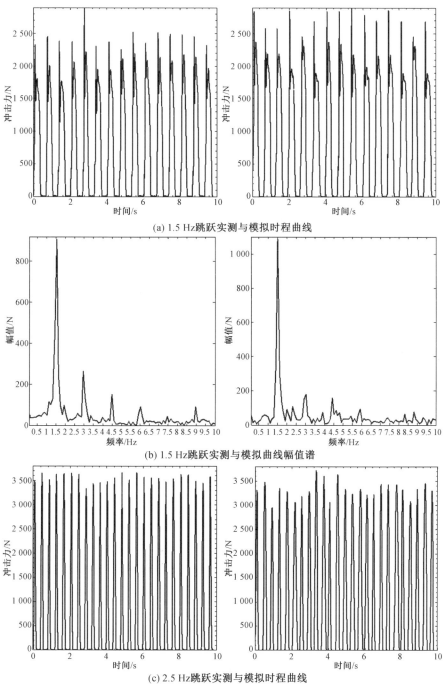

(a) 1.5 Hz跳跃实测与模拟时程曲线

(b) 1.5 Hz跳跃实测与模拟曲线幅值谱

(c) 2.5 Hz跳跃实测与模拟时程曲线

图2.26　模拟与实测曲线对比及频谱分析

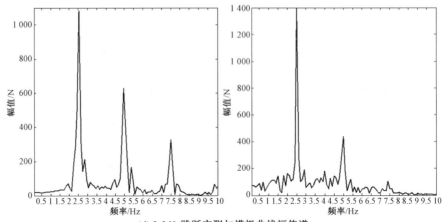

(d) 2.5 Hz跳跃实测与模拟曲线幅值谱

续图 2.26

2.人群跳跃计算模型

相比于单人跳跃荷载,人群共同跳跃存在的同步性差异:个体内差异和个体间差异更加明显,由于个体间存在体重差别、跳跃方式的不同以及身体间相互作用等因素,在同一种跳跃频率下会出现非同步现象,产生的耦合荷载明显低于某个单人荷载的叠加值。本文除了采用测力板完成了两人共同跳跃试验外,还测试了 20 人跳跃的临时看台结构响应,以期探索多人或大量人群跳跃荷载对特征参数的影响。

两人共同跳跃耦合荷载曲线特征参数 k_p、T_s 和 T_c 与单人跳跃对比如下。

(1) 两人跳跃 k_p 分布。

如图 2.27(a) 所示,其中左图为组 1 测试者跳跃的 k_p,共计 1 086 个数据点,圆点为面向同方向(面一)跳跃,方点为背对背跳跃,各自平均值分别为菱形点和十字形点;右图为组 3 测试者分别进行 2.5 Hz 背对背、面一方向及面对面并列跳跃的 k_p 值。该图显示两人跳跃峰值随跳跃频率先增后降,2.4 Hz 或 2.5 Hz 处跳跃峰值普遍升高,对比各跳跃方式的峰值平均值,可以认为荷载峰值比 k_p 受跳跃方式影响并不显著。

为进一步确定两人跳跃荷载的耦合效应,对比两人跳跃与同组单人跳跃的 k_p,图 2.27(b) 所示为 3 组测试者分别进行单人跳跃的 k_p 与两人同时跳跃的 k_p 值,对比发现两人同时跳跃的 k_p 分布范围与平均值都明显小于单人跳跃,其平均值的最大降幅为 16%。另外整理纵跳板测试的两人同时跳跃试验数据亦分别得出荷载峰值比幅度降低 10% 和 27.6%,符合参考文献[66—69]给出的人群跳跃荷载峰值折减系数范围 0.53 ~ 0.67。

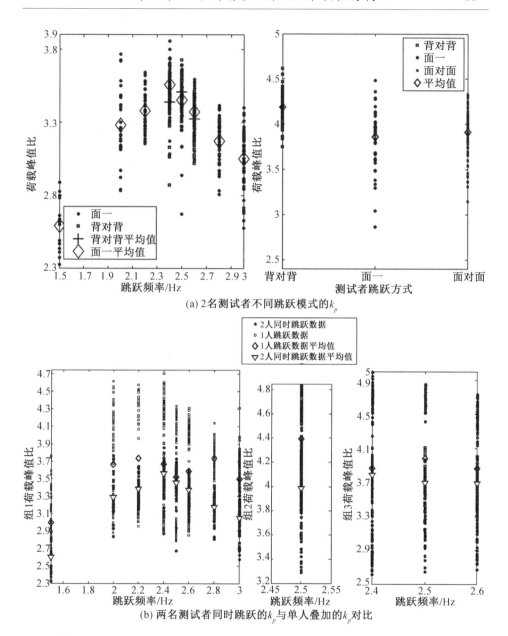

(a) 2 名测试者不同跳跃模式的 k_p

(b) 两名测试者同时跳跃的 k_p 与单人叠加的 k_p 对比

图 2.27　两人跳跃 k_p 分布及与单人 k_p 的对比

（2）个体间同步性差异。

个体间同步性差异还体现出 T_s 和 T_c 数值的变化。分析两人同时跳跃产生的 2 172 个 T_s 和 T_c 数据，图 2.28（a）中红点代表组 1 测试者背对背的 T_s 及 T_c

值;蓝点代表组 1 测试者面向同方向的 T_s 及 T_c 值;黑点代表组 3 测试者面向同方向的 T_s 及 T_c 值。其中左图 T_s 分布区域相近,且测试的 T_s 平均值与理论值非常接近,表明两种跳跃模式及不同组间的跳跃对 T_s 影响较小;同样 T_c 也如此(右图)。图 2.28(b) 所示为组 1 测试者分别在单人跳跃和两人同时跳跃时对应的 T_s 和 T_c 值,其中左图表示 T_s 值,可以看出它们的分布区间几乎相同,且 T_s 平均值及变化规律也较吻合;右图为 T_c 值的分布区间,显示单人跳跃结果大于两人同时跳跃结果,虽然两者变化规律相同,但单人 T_c 平均值皆小于两人跳跃时的对应值,该现象进一步阐明多人跳跃因落地或起跳的不同步,使得不同人出现时间上的滞后,由此增加了作用在结构上的跳跃荷载接触时间,比单人 T_c 平均值增加了 12.6%。

　　以上两人同时跳跃试验数据表明,虽然增加人数会明显出现耦合作用,即人体间存在跳跃不同步性所产生的滞后或者超前现象,造成最终荷载相互叠加后峰值降低,但是特征参数变化范围仍然在单人跳跃试验结果范围内。为了进一步有效地观察大量人群跳跃耦合作用,在临时看台上完成了 20 人跳跃试验,测试频率分别为 1.5 Hz、1.8 Hz、2.0 Hz、2.3 Hz、2.5 Hz、2.8 Hz 共 6 个频率。图 2.29(a) 所示为人群进行 2.5 Hz 跳跃的过程,从图中前排 5 个人脚部离地情况可知有 2 人与其他 3 人并非同时落地,表明了人群跳跃的非同步性。与此同时产生的结构响应,如图 2.29(b) 所示,图中曲线为结构立柱应变,曲线并非如上述研究的单人跳跃曲线存在腾空后受力为零的情况,这是由于结构的传力路径所造成的。

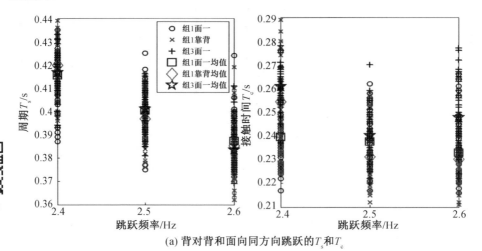

图 2.28(a)

(a) 背对背和面向同方向跳跃的 T_s 和 T_c

图2.28　2 人跳跃的 T_s 和 T_c 分布以及单人跳跃特征参数对比

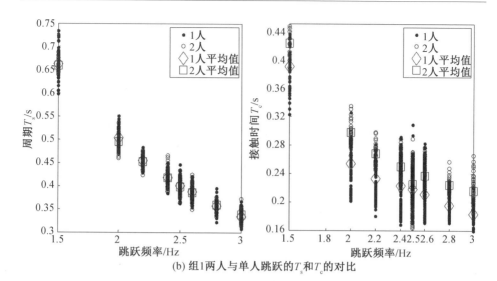

(b) 组1两人与单人跳跃的T_s和T_c的对比

续图 2.28

(a) 20人跳跃试验

图2.29　临时看台 20 人跳跃试验及结构立柱应变

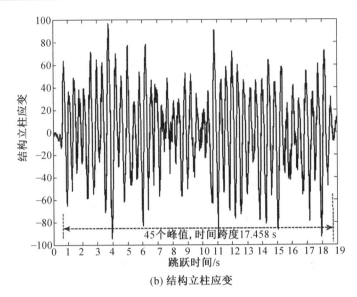

(b) 结构立柱应变

续图 2.29

　　分析本试验 20 人的跳跃周期,如图 2.30 所示,横坐标为跳跃次数,纵坐标为跳跃周期,其中离散点为人群每次跳跃的周期,虚线代表节拍器给定的激励周期,实线为试验获得的周期平均值。从图中可知,人群每次跳跃周期都存在一定的波动性。虽然人群跳跃节奏与激励节奏不同,但是人群自身会有一定的节奏性,如每次跳跃的周期在周期平均值附近波动。除此之外,随着激励频率的增加,人群跳跃周期平均值越接近理论值,并且离散点在 2.5 Hz 时围绕着平均值波动最小,当激励频率为 2.8 Hz 时,跳跃周期高于激励周期,并且其他跳跃周期波动性明显大于 2.5 Hz 的试验结果,表明人群在 2.5 Hz 共同跳跃时节奏同步性最好,跳跃频率较低或较高,共同协同性都会变差。

　　将人群每次跳跃实测的周期值所形成的数组标准差、平均值与激励周期值进行对比,结果见表 2.8。当激励频率在 1.5～2.0 Hz,人群自身跳跃形成的平均频率高于激励值,均在 2.3 Hz 以上,周期标准差均大于 10%;当激励频率在 2.3～2.8 Hz,人群跳跃平均频率值接近激励值,在 2.5 Hz 工况下,周期标准差最小为 6%,具有良好的同步性。

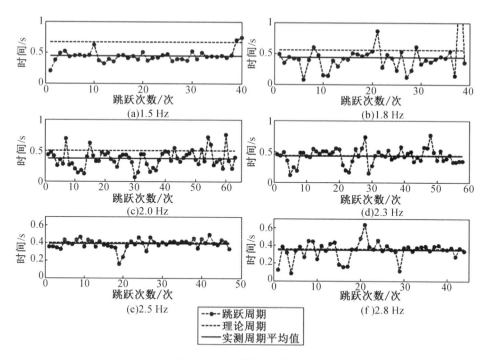

图2.30　　人群跳跃周期分析

表2.8　　人群跳跃工况实测人群跳跃周期的平均值、标准差以及跳跃频率

激励频率 /Hz	实测人群跳跃周期平均值 /s	周期标准差	实测人群跳跃频率 /Hz
1.5	0.435	0.10	2.30
1.8	0.429	0.26	2.33
2.0	0.367	0.14	2.72
2.3	0.425	0.13	2.35
2.5	0.387	0.06	2.58
2.8	0.347	0.10	2.88

　　当考虑人群跳跃的非同步性形成的人群荷载时,以本书2.3.2节中提出的单人跳跃荷载模型为基础,该模型参数可以体现个体和个体间差异造成的峰值比、跳跃周期及接触周期变化的随机性,只是人群跳跃频率设定在 2.0 ～ 2.8 Hz。当人群跳跃荷载为多点激励,以本书提出的大量单人跳跃计算荷载曲线作为人群荷载;当人群跳跃荷载简化为单点集中激励时,将以上模拟的大量单人跳跃荷载曲线直接叠加,图 2.31 所示为采用单人跳跃计算模型,利用程序计算模拟 2.4 Hz 下 10 人(5男5女)跳跃所形成的耦合曲线,从图中模拟曲线可以发现耦

合曲线的峰值随跳跃时间增加而降低,荷载接触时间逐渐变大,表明模拟的 10 人跳跃荷载具有明显的非同步性,符合实际人群跳跃现象。

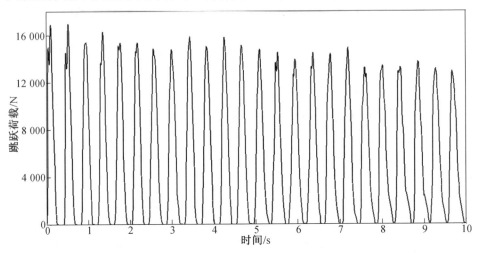

图2.31　10人2.4 Hz跳跃荷载模拟曲线

以上测试的人体(群)跳跃荷载均在测力板上完成,测力板刚度大于临时看台走道板刚度,考虑到由于刚度不同对荷载的影响,并基于 Yao 等测试人体在柔性结构上产生的荷载情况,认为测力板获得的人体荷载应大于人体在实际临时看台上产生的荷载,因此以上得出的结果在应用到临时看台时,有利于结构的安全。

2.4　人群侧向外荷载试验及模型研究

当大量人群在进行有节奏运动时,所产生的侧向荷载可能会引起临时看台出现较大的水平位移,甚至结构侧向倒塌。当前考虑人体运动水平荷载多通过类比,定性给出一个范围较大的估值区间,一般取竖向荷载的 7% ～ 10% 或 20%。但是当分析结构的侧向动力响应时,需要水平荷载的时变曲线,为此本节基于跳跃和摇摆试验,提出相应的计算模型。

2.4.1　跳跃水平荷载模型

人体在竖向跳跃过程中可产生 3 个方向的荷载,图 2.32(a) 所示为 5 号测试者在测力板上跳跃产生的荷载曲线,其中红色和绿色曲线分别代表人体产生前后和左右水平向的荷载情况,虽然曲线峰值基本低于 10% 的竖向荷载,但是当测试 20 人在临时看台上共同跳跃时，结构出现了 5 mm 的侧向位移，如图 2.32(b) 所示。

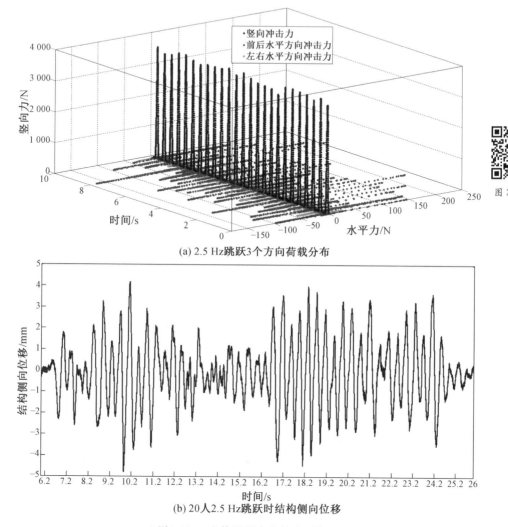

(a) 2.5 Hz跳跃3个方向荷载分布

图 2.32(a)

(b) 20人2.5 Hz跳跃时结构侧向位移

图2.32　人体跳跃产生的水平作用

图 2.33(a) 所示为单人跳跃试验的水平荷载曲线，图中显示水平面内作用方向出现反复交替，特别是前后方向更加明显，表明水平力并非为竖向曲线的分量，并且左右水平荷载小于前后水平荷载，主要是因为身体跳跃过程中身体前后方倾斜占主要姿态。

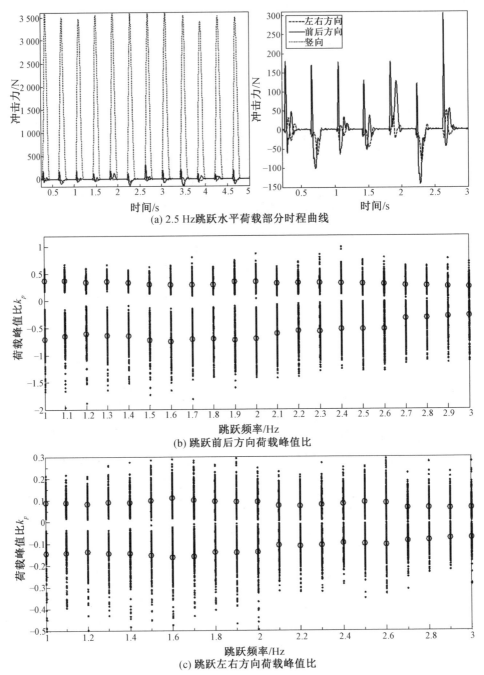

(a) 2.5 Hz跳跃水平荷载部分时程曲线

(b) 跳跃前后方向荷载峰值比

(c) 跳跃左右方向荷载峰值比

图2.33　跳跃水平荷载

　　整理所有跳跃水平荷载,如图 2.33(b)、(c) 所示,分别为前后和左右方向荷载峰值比,正值表示身体起跳时产生的相对自身前方(左侧)的荷载,负值表示身体降落冲击结构时产生的相对自身后方(右侧)的荷载,产生正负值的原因是观众在跳跃过程中,身体无法保证垂直起跳和下落。从这两个图中可知随跳跃频率增加,水平向峰值比逐渐降低。其中,前后方向水平力峰值比的负向平均值为 0.57,大于正向平均值 0.32,这是由于身体下落的冲击力远大于起跳时对结构的反力,前后向峰值比平均值为 0.45。同样左右向水平力峰值比的正、负向平均值分别为 0.08 及 0.12,总平均值为 0.10。

　　为了保守设计并简化计算,假定前后和左右方向水平力符合正弦曲线,幅值为上述试验获得的峰值比平均值,则模拟 N 次跳跃产生的水平荷载计算式为

$$
\begin{cases}
F_{前后i} = G \cdot g \cdot 0.45 \cdot \sin\left(\dfrac{2\pi}{T_{ci}}t\right) & t \in [0, T_{ci}] \\
F_{前后i} = 0 & t \in [T_{ci}, T_{si}]
\end{cases} \Rightarrow F_{前后} = \sum_{i=1}^{N} F_{前后i}
$$

(2.13 a)

$$
\begin{cases}
F_{左右i} = G \cdot g \cdot 0.1 \cdot \sin\left(\dfrac{2\pi}{T_{ci}}t\right) & t \in [0, T_{ci}] \\
F_{左右i} = 0 & t \in [T_{ci}, T_{si}]
\end{cases} \Rightarrow F_{左右} = \sum_{i=1}^{N} F_{左右i}
$$

(2.13 b)

其中,T_{ci} 和 T_{si} 按式(2.8)和式(2.9)取值,G 与式(2.12)中的人体自重计算方法相同。

2.4.2　摇摆水平荷载模型

　　本节进行单人摇摆试验,节拍器激发频率共计 9 种,分别为 1.0 Hz、1.5 Hz、2.0 Hz、2.2 Hz、2.5 Hz、2.8 Hz、3.0 Hz、3.4 Hz 和 3.6 Hz。该激励频率大小为测试者实际摇摆频率的 2 倍(图 2.34 所示人群摇摆激励),目的是让测试者更好地跟随节奏。

　　为了更直观地体现人体摇摆荷载曲线,整理不同测试者的单次摇摆曲线,图 2.34 中(a)～(e)为各测试者单次摇摆荷载曲线,图 2.34(f)所示为 1 号和 2 号测试者连续摇摆荷载曲线形状。图中大量单次摇摆曲线呈现 2 种形状:形状 1,近似梯形;形状 2,近似半正弦,曲线体现的形状与参考文献[86,90]类似,采用半经验式模拟单人摇摆荷载,如式(2.14)所示:

$$
F_{ss}(t) = \frac{2H_p \sin(\pi d)}{\pi}\sin(2\pi ft) \pm \frac{2H_p \sin(3\pi d)}{3\pi}\sin(6\pi ft) \quad (2.14)
$$

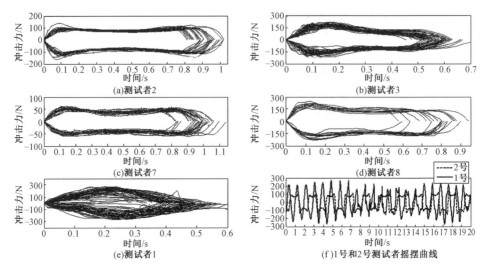

图2.34　左右摇摆荷载

式中　$F_{ss}(t)$——人体摇摆无量纲荷载；

　　　　H_p——摇摆竖向荷载峰值比；

　　　　d——时间参数，d 按经验取值（见表2.9）；

　　　　f——人群实际摇摆频率，Hz；

　　　　t——人体摇摆时间可为连续摇摆时间或单次摇摆时间，s，如为单次摇摆时间，则等于 $1/f$。

当摇摆频率 $f \leqslant 1.0$ Hz 时，采用式（2.14）中减号计算；$f > 1.0$ Hz 时，采用式（2.14）中加号计算。

表2.9　参数 d 值取

摇摆频率 f/Hz	$\leqslant 1$	1.1	1.2	1.3	1.4	1.5	1.6	1.7	1.8
d	$1/3f$	$1/2.9f$	$1/2.7f$	$1/2.5f$	$1/2.3f$	$1/2.1f$	$1/1.9f$	$1/1.7f$	$1/1.6f$

注：频率以外的值按线性插值取值。

参数 H_p 由试验数据确定，本节提取了 2 600 个单次摇摆荷载峰值比并作为一个样本，样本区间在 [0.08,0.39] 内，划分取样点，根据样本中元素的个数统计频数和频率，见表2.10。

由此得出 H_p 的频率直方图和对数概率密度函数，如图 2.35 所示。该对数正态分布均值为 $-1.689\ 0$，标准差为 $0.382\ 2$，密度函数按式（2.15）计算，其中 H_p 在 $0.10 \sim 0.39$ 之间取值。该参数用蒙特卡洛方法，按照截尾对数正态分布 lognrnd(mean $= -1.689\ 0$, sd $= 0.382\ 2$, (0.10,0.39)) 生成 H_p。

$$f(H_p) = \frac{1}{0.382\ 2x\ \sqrt{2\pi}} \times e^{\frac{(\ln Hp + 1.689\ 0)^2}{2 \times 0.382\ 2^2}} \tag{2.15}$$

为了分析人体实际摇摆频率 f 的变化情况,根据每单次摇摆(与激励频率同步) 所需要的时间,采用正态分布 K-S 验证,如图 2.36 所示,摇摆频率变化符合正态分布。

表2.10　　试验获得的摇摆荷载峰值比频数和频率

分组区间	频数 n_i	频率 n_i/n
$0.07 \sim 0.09$	20	0.01
$0.09 \sim 0.11$	160	0.06
$0.11 \sim 0.13$	270	0.10
$0.13 \sim 0.15$	150	0.06
$0.15 \sim 0.17$	350	0.13
$0.17 \sim 0.19$	220	0.08
$0.19 \sim 0.21$	320	0.12
$0.21 \sim 0.23$	230	0.09
$0.23 \sim 0.25$	180	0.07
$0.25 \sim 0.27$	110	0.04
$0.27 \sim 0.29$	140	0.05
$0.29 \sim 0.31$	130	0.05
$0.31 \sim 0.33$	140	0.05
$0.33 \sim 0.35$	80	0.03
$0.35 \sim 0.37$	30	0.01
$0.37 \sim 0.39$	70	0.03
$\sum$	$n = 2\ 600$	1.00

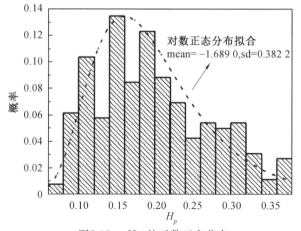

图2.35　H_p 的对数正态分布

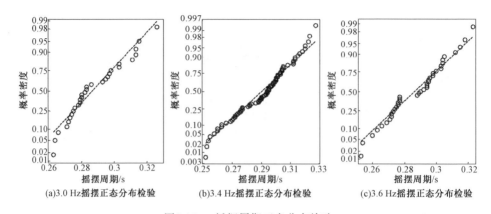

图2.36　　摇摆周期正态分布检验

由此,获得的各摇摆频率所对应的正态分布参数见表2.11。

表2.11　　摇摆频率正态分布参数

摇摆频率 $2f$	数学期望(mu)	标准差(sigma)	截尾区间
1.0	1.10	0.110	$[0.94,1.10]$
1.5	1.57	0.100	$[1.48,1.62]$
2.0	2.02	0.094	$[1.95,2.05]$
2.5	2.48	0.060	$[2.43,2.54]$
2.8	2.79	0.062	$[2.76,2.83]$
3.0	2.99	0.026	$[2.95,3.04]$
3.4	3.44	0.018	$[3.37,3.46]$
3.6	3.58	0.047	$[3.53,3.64]$

　　利用MATLAB中的lognrnd和normrnd函数,分别生成 H_p 和 $2f$,采用相同的编程方法(图2.25),完成快速模拟摇摆荷载曲线,图2.37所示为按照式(2.14)生成的 f 为0.75 Hz、1.00 Hz、1.25 Hz和1.50 Hz的人体摇摆荷载。与参考文献[86,90]相比,本文的参数选取方法不同,而且生成的曲线具有非对称性和非周期性。

　　对于多人或大量人群在结构上摇摆出现的非同步现象,可以通过简单的试验说明,图2.38所示为测试者1和测试者2在看台结构上摇摆产生的立柱应变,以及两者耦合在一起时的应变。

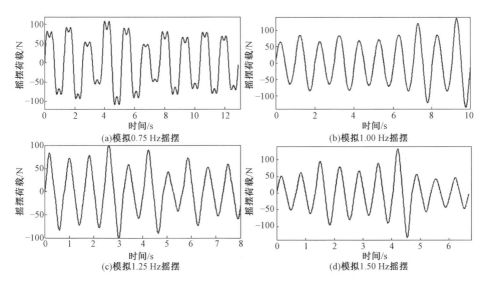

图2.37　模拟摇摆荷载曲线

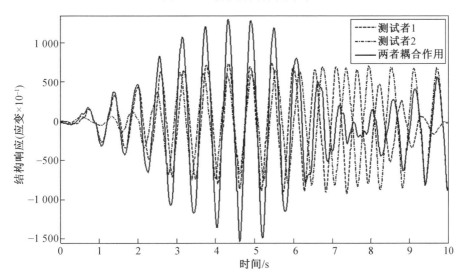

图2.38　单人及两人耦合曲线对比

从图2.38可知,虚线(测试者1)和点虚线(测试者2)具有明显的规律性,但是耦合曲线(实线)在前6 s具有一定的规律性,呈现正向叠加,之后由于同步差异性逐渐积累,出现了与测试者1和测试者2摇摆方向正好相反的反向叠加,耦合之后形成了消减效应,并且不再具有一定的规律性。

另外,测试20人在临时看台上的摇摆运动,依靠节拍器控制摇摆频率。该节拍器控制的摇摆频率为人群完成一次单向摇摆（单次波峰或波谷曲线对应的时间倒数值）的节奏，目的是方便人群跟随节拍器节奏。其中，人群摇摆频率与激励频率存在以下关系：当人群从一侧摇摆至另一侧时，各经历 1 个节拍，如图 2.39 所示，人群听到某一个节拍后在 t_1 时刻摇摆至最左侧，然后接下来的一个节拍人群摇摆至最右侧，即 t_3 时刻。由此，作用于结构的摇摆荷载频率是节拍器给定频率的 1/2，所以节拍器的频率大小是人群在结构上实际摇摆频率的 2 倍。

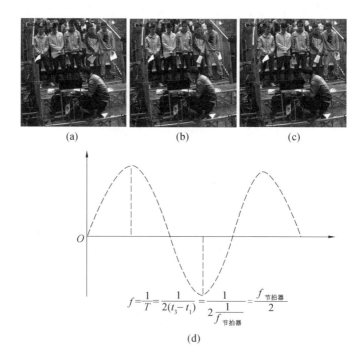

图2.39　摇摆试验频率与人群实际摇摆频率的关系

图 2.40 所示为 20 人组成的人群在看台上共同摇摆后结构产生的响应，摇摆频率越高，曲线越具有一定的拟周期性。

表 2.12 为 2 人共同跟随节拍器既定频率摇摆的周期平均值及频率，数值变化表明，除了节拍器给定 3.0 Hz 时站立人群摇摆频率达到3.48 Hz高于激励值外，其他测试工况中站立人群摇摆频率均小于节拍器给定的频率；同样端坐人群摇摆除了在 1.0 Hz 激励下人群摇摆频率为 2.52 Hz 外，其他激励工况都是人群摇摆频率小于节拍器激励频率。

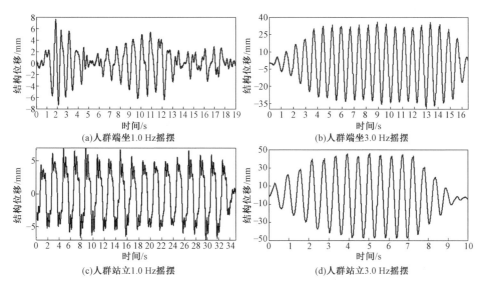

图2.40   20 人摇摆产生的结构侧向位移曲线

表2.12   节拍器激励频率与人群反应频率对比

激励频率/Hz	周期个数	人群摇摆周期平均值/s	人群摇摆频率平均值/Hz	标准差
1.0	36(28)	0.994(0.397)	1.01(2.52)	0.03(0.07)
1.5	27(10)	0.699(0.996)	1.43(1.00)	0.08(0.06)
2.0	29(21)	0.710(0.670)	1.41(1.49)	0.07(0.10)
2.2	28(22)	0.570(0.527)	1.75(1.90)	0.06(0.09)
2.5	43(43)	0.479(0.469)	2.09(2.13)	0.06(0.06)
2.8	43(45)	0.392(0.406)	2.55(2.46)	0.07(0.04)
3.0	31(45)	0.287(0.374)	3.48(2.67)	0.03(0.02)
3.4	45(41)	0.300(0.350)	3.33(2.85)	0.04(0.01)
3.6	41(43)	0.280(0.338)	3.57(2.95)	0.02(0.03)

注:括号内为人群端坐摇摆工况试验数据。

以上现象说明人群个体间因客观存在的摇摆非同步性,出现节奏超前或者滞后现象,最终反映到结构上形成了荷载作用的时间滞后性,导致摇摆频率降低。另外,数据显示人群站立可完成激励频率大于 3.0 Hz 的工况,而人群端坐很难完成 3.0 Hz 以上摇摆试验,同时表中也给出了各摇摆工况下人群摇摆的周期标准差,均低于 0.1,表明人群在非同步摇摆的情况下又具有一定的协同性,以保证共同完成摇摆运动。

部分人群跟随激励频率1.5 Hz、2.0 Hz、2.5 Hz和2.8 Hz完成摇摆试验所体现的周期结果见表2.13。发现在1.5 Hz摇摆试验中,人群摇摆频率都在2.4 Hz以上,由于每个工况完成2.8 Hz摇摆试验后,人群休息60 s,再进行下一个工况的1.5 Hz摇摆试验,在这一时间段,人群可能很难立刻从较高频率摇摆向低频摇摆运动过渡,这也解释了表2.12中所有人端坐进行1.0 Hz摇摆时,测定的人群摇摆频率却是2.52 Hz,也是因为前一个工况人群完成了3.6 Hz的摇摆试验。除此之外,其他激励频率下的人群摇摆频率均低于激励值,表中括号内为摇摆周期标准差数据,数值在10%以内变化,同样表明少数人群摇摆具有明显的非同步性和一定的协同性。

表2.13　人群摇摆工况5～13实际摇摆频率标准差

试验工况	人群摇摆频率(标准差)			
	1.5 Hz	2.0 Hz	2.5 Hz	2.8 Hz
5(后15人站立摇摆,前5人端坐)	2.60(0.03)	1.41(0.04)	1.80(0.08)	2.38(0.04)
6(后10人站立摇摆,前10人端坐)	2.44(0.04)	1.45(0.07)	1.86(0.09)	2.94(0.08)
7(后5人站立摇摆,前15人端坐)	2.84(0.06)	1.78(0.14)	1.89(0.13)	2.76(0.14)
8(后15人站立摇摆,前5人站立)	2.85(0.08)	1.71(0.08)	1.69(0.05)	2.46(0.07)
9(后10人站立摇摆,前10人端坐)	2.43(0.04)	1.46(0.09)	1.79(0.08)	2.38(0.06)
10(前15人站立摇摆,后5人端坐)	2.47(0.02)	1.50(0.08)	1.86(0.05)	2.29(0.10)
11(后15人端坐摇摆,前5人端坐)	2.49(0.08)	1.65(0.11)	1.86(0.06)	2.61(0.09)
12(后10人端坐摇摆,前10人端坐)	2.49(0.09)	1.61(0.11)	1.89(0.12)	2.55(0.03)
13(前15人端坐摇摆,后5人端坐)	2.40(0.05)	1.75(0.14)	2.01(0.11)	2.54(0.03)

用人群节奏同步性参数C定量分析人群摇摆非同步性和协同性特征,其计算式为

$$C = 1 - \left| \frac{T_{理论} - T_{测试}}{T_{理论}} \right| \quad T_{理论} = \frac{1}{f_{输入}} \tag{2.16}$$

式(2.16)中$f_{输入}$分别为1.0 Hz、1.5 Hz、2.0 Hz、2.2 Hz、2.5 Hz、2.8 Hz、3.0 Hz、3.4 Hz和3.6 Hz。$T_{测试}$为实测的人群摇摆周期平均值。计算以上所有工况的C值,其分布范围及平均值如图2.41所示。当人群站立摇摆时,C值随激励频率的增大先降低后升高,在2.0 Hz处最小,在3.4 Hz处最大,达到0.95,表明此时人群同步性最好,C值无法达到1进一步说明了人群的非同步性;当人群端坐摇摆时,C值随激励频率的增大先升高后降低,其中在3.0 Hz处达到最大值0.88,表明此时人群同步性最好,之后在3.4 Hz和3.6 Hz处降低,间接说明了表

2.12 中人群实际摇摆频率均低于 3.0 Hz 的现象。该图不仅体现站立人群跟随摇摆节奏的同步性优于端坐人群,在看台上更容易完成摇摆运动,而且也确定了站立人群摇摆很难超过 1.8 Hz,端坐人群摇摆很难超过 1.5 Hz。询问各测试者跟随摇摆节奏的困难程度,均认为在激励频率为 3.4 Hz 时,大部分测试者已经明显跟不上节奏,特别是在 3.6 Hz 时,测试者已经达到身体摇摆节奏极限,甚至在进行 3.0 Hz 端坐摇摆试验时,有些测试者已经借助护栏辅助身体摇摆,以便跟随节奏,而且在低频时也较难跟随节奏。由此可以认为,人群站立实际摇摆频率一般发生在 1.0 ∼ 1.8 Hz,端坐时一般在 0.5 ∼ 1.5 Hz。

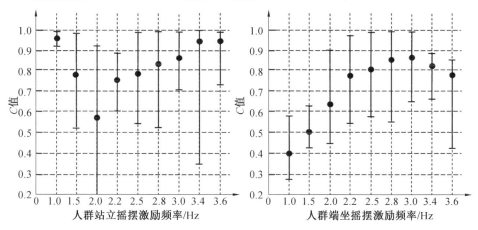

图2.41　人群摇摆同步性分析

图 2.40 所示的结构位移响应曲线形状表明,人群摇摆运动的曲线形状也符合单人低频摇摆曲线的形状 1 向高频摇摆曲线的形状 2 过渡,为此,在模拟人群摇摆频率大于 1.0 Hz 的曲线时,采用式(2.14) 中加号模拟;小于 1.0 Hz 的曲线采用减号模拟。为了更合理地模拟人群摇摆荷载,将图 2.41 中 C 值平均值作为限定参数,其中 C 值随激励频率的分布如图 2.42 所示,拟合式为

$$C_{站立} = 0.223\ 9 \times 2f_{站立} + 0.198\ 1 \qquad (2.17)$$

$$C_{端坐} = 0.274\ 5 \times 2f_{端坐} + 0.118\ 4 \qquad (2.18)$$

式中,$2f_{站立}$、$2f_{端坐}$ 对应图 2.42 的横坐标频率值。

根据 95% 置信区间,给出人群站立和端坐时 C 值在摇摆频率下的变化范围,见表 2.14。参数 C 值的变化反映了人群跟随既定节奏的同步性以及人群的协同性,所以本书在计算人群摇摆荷载时,如将人群摇摆荷载看作多点激励,以式(2.14) 获得多条单人摇摆荷载曲线;如将人群摇摆荷载看作一个单点耦合激励,则将获得的多条曲线叠加,在实际结构设计中,应验算耦合曲线的时间参数

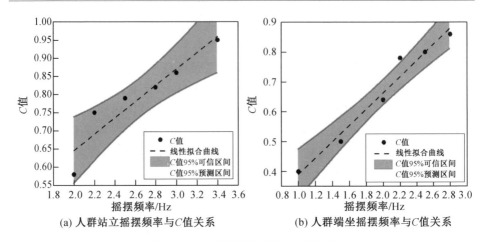

(a) 人群站立摇摆频率与 C 值关系　　　　(b) 人群端坐摇摆频率与 C 值关系

图2.42　　人群摇摆频率与 C 值关系

满足表 2.14 中 C 值的变化范围。

表2.14　　人群摇摆 C 值变化范围

人群站立摇摆频率 f/Hz	1.0	1.1	1.25	1.4	1.5	1.7 和 1.8
C 值变化区间	[0.55,0.73]	[0.62,0.76]	[0.70,0.81]	[0.76,0.88]	[0.80,0.93]	[0.80,0.96]
人群端坐摇摆频率 f/Hz	0.5	0.75	1	1.1	1.25	1.5
C 值变化区间	[0.31,0.47]	[0.47,0.58]	[0.62,0.71]	[0.67,0.76]	[0.74,0.85]	[0.81,0.95]

　　以上摇摆荷载既有测力板测试的结果,也有人群在临时看台上体现的荷载特征参数,不同于测力板无法反映结构出现近似共振现象,人群在实际临时看台上能够引起结构共振。

2.5　　本章小结

　　针对国内人体运动荷载缺乏相关试验数据和计算模型的现状,使用测力板直接采集人体运动荷载,分析其荷载特性,并采集人群在实际临时看台上运动所体现的荷载特征参数,为临时看台人群荷载耦合模型的研究工作奠定了理论基础,并得到如下研究结果。

　　(1) 结合大量实测数据,利用蒙特卡洛样本生成技术,定义了临时看台人体运动荷载峰值比,提出了临时看台基于状态效应的人群荷载参考值,给出了临时看台人体荷载竖向和水平向结构静力设计标准值。

（2）建立了基于残差原理的跳跃荷载特征参数计算方法，确定了人群荷载各特征参数残差概率分布函数，提出并完成了针对我国人群特点的连续跳跃人群荷载时程曲线生成模型和程序，输出荷载曲线与实测曲线在时频特性上保持了很好的一致性和可用性。

（3）提出了人群摇摆荷载计算模型，给出了人群摇摆荷载约束参数取值方法，确定并验证了人群摇摆荷载输出曲线执行程序的有效性。人群在看台上进行摇摆运动产生的荷载曲线具有明显的拟周期性和拟对称性。

第 3 章　临时看台与人群相互作用试验研究

3.1　概　　述

随着结构向轻量化发展，人致振动问题越来越受到重视。当前越来越多的现场和实验室测试已经证明人体作为动力系统，能够明显影响结构的振动，但影响程度及如何影响因结构不同而相差较大。临时看台因其节点可拆卸，刚性节点数量大量减少，人群的同步性运动会加剧结构的振动问题，同时又因临时结构大间隙连接，在永久结构上获得的人体动力参数或许不适用于临时结构，基于试验数据建立临时结构的计算模型，是发现临时结构本构的重要途径。为了准确获取临时看台人群荷载的耦合机理，本章通过外部激励试验和人自激振动试验分别研究静态人群和动态人群与结构相互作用的过程，分析上人结构的动力性能，推测静态人群动力参数，完成人群与临时看台相互作用理论计算模型的拟合参数。

3.2　外部激振试验和人群自激振动试验

试验采用的临时看台是由中国生产的商业化临时看台，主体材质为钢制镀锌管材。主要构件有立杆、水平杆（直径为 48 mm，壁厚为 3.5 mm）；斜杆（直径为 38 mm，壁厚为 3.0 mm）；支撑走道板和座椅斜梁（阶梯梁）；走道板（2 mm 厚钢踏板）；座椅竖梁（角钢组成的桁架梁）；座椅横梁（空心圆管组成）；护栏及可调支座；塑料座椅。水平杆、斜杆与立杆的连接以及护栏和主体的连接均采用承插式节点，其他构件间连接采用搭接或者插接。临时看台构件形式及质量见表3.1。结构总质量为 912.98 kg，护栏系统占总质量的 25.7%，走道板和座椅系统占总质量的 44.6%，下部支撑系统（临时杆系）占总质量的 29.7%。去除护栏系统，上部走道板和座椅占结构的 60%，下部支撑仅占 40%，结构若再上人，将呈明显的"头重脚轻",所以一旦大量人群产生协同性水平运动,很容易使结构出现局部或整体水平振动。本课题组成员亲自搭建该临时看台结构,以确保安装过程中所有杆件和构件连接符合设计要求。试验结构如图 3.1 所示,其中左右方向共 1 跨,跨度为 2.5 m,前后方向共 3 榀,榀间距为 1.5 m,第一排座椅走道板高度为 2.6 m,最后一排座椅高度为 4.0 m。每排 5 个座椅,共 4 排。

除在哈尔滨工业大学土木学院结构与抗震实验室完成外部激励试验外,后期将结构拆卸,并在室外按照原杆件安装(杆件空间位置不变),之后进行了人群自激结构振动试验,下面详细介绍试验内容及研究工作。

表3.1　临时看台构件形式及质量

构件名称	质量 /kg	示意图
镀锌可调支座	21.00	
0.175 m 连接杆		
0.7 m 连接杆		
1.0 m 立杆	66.68	
1.5 m 立杆		
2.0 m 立杆		
1.5 m 水平杆	113.75	
2.5 m 水平杆		
1.5 m×1.5 m 斜杆		
2.5 m×2.5 m 斜杆	69.04	
0.667 m×1.500 m 斜杆		
阶梯梁	92.80	
座椅横梁	80.46	
座椅竖梁	114.45	
护栏(后、侧护栏和护栏立柱)	234.80	
走道板	120.00	
总质量	912.98	

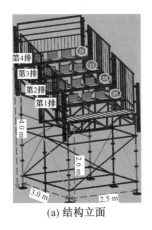

(a) 结构立面　　　　　(b) 振动台试验结构　　　　　(c) 人致振动试验结构

图3.1　　试验结构

3.2.1　振动台试验

试验目的是模拟结构上动态人群产生的随机运动对静态人群结构区域的影响,其中将动态人群随机运动荷载看作结构的外部激励。首先,将结构安装至哈尔滨工业大学结构与抗震实验室内 3.0 m×4.0 m 的单向振动台上,为保证测试结构底部不发生滑移,使用高强螺栓将看台结构可调支座固定于振动台台面。其次, 试验所用的激励未选用简谐波, 而是选取 ChiChi(1999s)、El Centro(1940s)、Kobe(1995s)3 种地震波的东西波和南北波模拟动态人群随机激励,这是因为动态人群产生的随机运动并非是简谐波,图 3.2(a) 和(b)所示为 10 人在临时看台上进行随机运动及对结构产生的侧向加速度,则人群随机运动引起的频率范围如图 3.2(c)~(h)所示,呈现典型的随机性,符合地震波的随机性,而且地震波的频率变化范围包括人群随机运动频率范围。为此,选用以上 3 种随机激励波。为保证结构在激励波作用下不发生破坏,首先将以上 6 条原始激励波数据整体降低至 10% 作为初始试验波,并在每条初始试验波的基础上按0.5 的幅度增加至 4.5 倍(El Centro、Kobe 波)、5.0 倍(ChiChi 东西)或 5.5 倍(ChiChi 南北),即原始数据的 45%、50% 或 55%。各测试波对应的峰值加速度、峰值位移及持续时间和最大增幅见表 3.2。

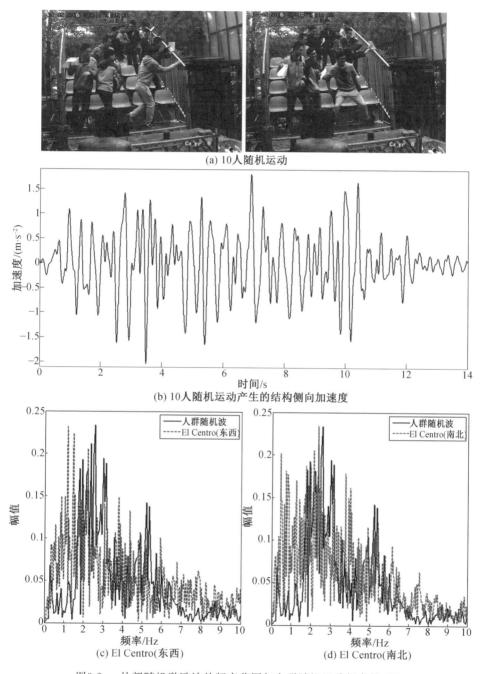

(a) 10人随机运动

(b) 10人随机运动产生的结构侧向加速度

(c) El Centro(东西)

(d) El Centro(南北)

图3.2　外部随机激励波的频率范围与人群随机运动频率的对比

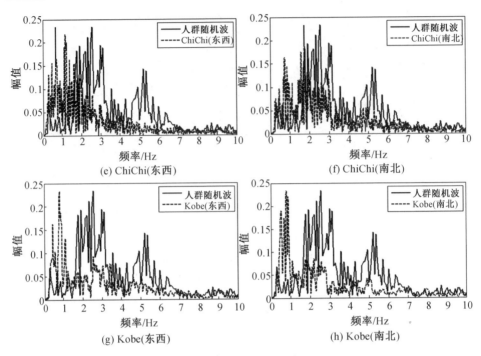

续图 3.2

表3.2　试验激励波

激励波		峰值加速度 /(m·s⁻²)	峰值位移 /mm		持续 时间 /s	最大 增幅 /%
			正向(观众左侧)	负向(观众右侧)		
ChiChi	东西	18.29 ~ 91.45	9.78 ~ 48.90	12.53 ~ 62.65	48	50
(1999 年)	南北	16.26 ~ 89.43	6.61 ~ 36.36	6.87 ~ 37.78	46	55
El Centro	东西	21.48 ~ 96.66	11.19 ~ 50.36	11.38 ~ 51.21	40	45
(1940 年)	南北	31.29 ~ 140.81	26.15 ~ 50.81	8.91 ~ 40.10	40	45
Kobe	东西	30.78 ~ 153.90	13.39 ~ 66.95	16.82 ~ 84.10	30	45
(1995 年)	南北	30.57 ~ 152.85	17.80 ~ 89.00	13.26 ~ 66.30)	40	45

　　以位移控制方式实现振动台上结构侧向激励振动,根据原始激励波加速度曲线,经 2 次积分获得位移曲线,共计 53 条,图 3.3 所示为其中 6 种位移加载曲线。在试验过程中,6 种波交替施加。由于临时看台节点的可拆卸性,振动过程中可能出现节点松动情况,将会改变结构的动力特性,因此每施加完一次激励波,均采用宽频 20 Hz 峰值 500 m/s² 的白噪声进行检测,并检查节点紧固情况。在试验之前,一是采用频率 1.0 Hz、峰值 15 mm 的正弦波校核加速度传感

器,并获得结构衰减曲线;二是利用人工牵引方法获得结构的衰减曲线。使用高灵敏度、抗噪声强的丹麦(B&K)加速度计采集结构的振动加速度,位移则采用直线位移传感器测量,利用电阻式应变片获得结构的应变。采集仪器使用IMC(model imc CRONOS compact - 400 - 08 robust housing, German)采集加速度和位移,东华 DH5922 动态采集仪采集应变。

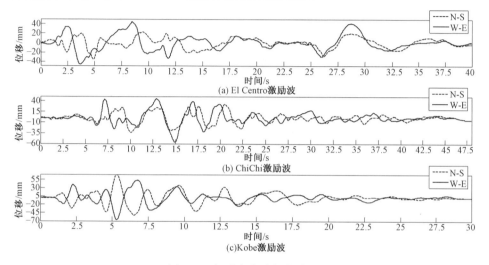

图3.3　振动台位移加载曲线

结构测点布置:加速度测点 13 个,以 A1～A13 表示;位移测点 9 个,以 L1～L9 表示;应变测点 70 个。加速度传感器、位移传感器和应变测点位置如图 3.4 所示。加速度测点布置位置:底部水平杆、中间水平杆各 3 个,共计 6 个;每排座椅对应处各 1 个,共计 4 个(图 3.4(a));阶梯梁与立杆连接处各 1 个,共计 3 个。位移传感器位置:底部水平杆、中间水平杆各 3 个;最前排走道板、中间座椅、最后一排座椅处各一个(图 3.4(a))。应变测点布置原则:每个立柱底部、立柱中部连接处上下两点,分别在两侧(激励方向)对称各布置 1 个,共计6个/根;平行于激励方向的水平杆和斜杆,分别在跨中位置处平面内、外对称布置,每根共计4 个,具体位置如图 3.4(b) 空心圆圈所示。

满载结构工况和 20 名测试者如图 3.5 所示,每名测试者佩戴一个松弛的安全带,以确保人体安全。图 3.5(b) 中第一个数字代表观众座位号(从左到右依次排列),第二个数字为观众体重。虽然每名观众都是随机挑选的,并且随机安排座椅位置,体重也各不相同,但是每排体重的平均值与 70 kg 沙袋相近,如第1 排平均体重为 77.80 kg,第 2 排为 66.30 kg,第 3 排为 66.78 kg,第 4 排为70.26 kg。所有观众总质量为 1 405.70 kg,与沙袋总质量 1 400.00 kg 非常接

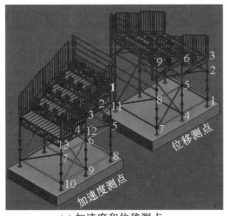

(a) 加速度和位移测点

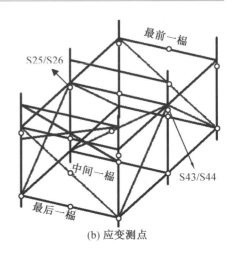

(b) 应变测点

图3.4　　测点布置图

近。由此确保了两者(沙袋和上人)在对比结构动力性能变化方面的合理性。

除此之外,改变原结构斜撑和水平杆的布置,分别测试结构空载和放置沙袋的动力响应,以研究杆件对结构性能的影响。不同结构形式如图 3.6 所示,其中形式 1 为原结构最后一榀中的右斜杆拆掉;形式 2 为形式 1 最后一榀左斜杆拆掉;形式 3 为形式 2 中间榀水平杆替换成斜杆;形式 4 为形式 3 最后一榀安装左斜杆;形式 5 为形式 4 最后一榀安装右斜杆。

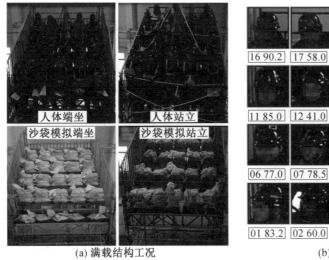

图3.5　　满载结构工况和 20 名测试者

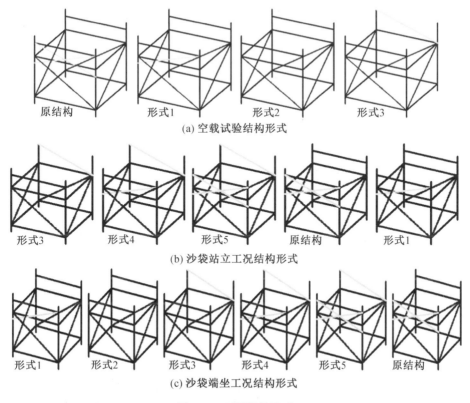

原结构　　　　　形式1　　　　　形式2　　　　　形式3

(a) 空载试验结构形式

形式3　　　　形式4　　　　形式5　　　　原结构　　　　形式1

(b) 沙袋站立工况结构形式

形式1　　　形式2　　　形式3　　　形式4　　　形式5　　　原结构

(c) 沙袋端坐工况结构形式

图3.6　　不同结构形式

3.2.2　人群自激结构振动试验

振动台试验是以外部激励波振动临时看台,人群自激结构振动试验是人群通过自激运动,激励结构发生振动。结构除了底部可调支座直接与地面接触外,杆件空间位置并未改变。按人体运动形式及运动区域分类,共计 14 个试验工况,见表 3.3。

本次试验的 20 名测试者,并未经过专门的跳跃和摇摆训练,仅按照节拍器给定的频率进行运动。测试者的基本信息如图 3.7 所示,第一个数字为座椅位置,第二个数字为测试者体重,其中第 1 排平均体重为 64.70 kg,第 2 排平均体重为 65.20 kg,第 3 排平均体重为 70.08 kg,第 4 排平均体重为 67.76 kg,共计 1 338.70 kg。

传感器及测试位置和采集仪器均与振动台试验相同。在上人前,首先采用人工牵引法获得结构基本的动力参数,然后依次按照表 3.3 的工况完成试验。

表3.3　　人群自激结构振动试验工况

试验工况	试验工况种类	节拍器激发频率/Hz
1	所有人站立摇摆	1.0,1.5,2.0,2.2,2.5,2.8,3.0,3.4,3.6
2	所有人端坐摇摆	1.0,1.5,2.0,2.2,2.5,2.8,3.0,3.4,3.6
3	所有人跳跃	1.0,1.5,2.0,2.2,2.5,2.8,3.0
4	所有人弹跳	1.0,1.5,2.0,2.2,2.5,2.8,3.0,3.5
5	站立后三排摇摆,第一排端坐	1.0,1.5,2.0,2.2,2.5,2.8
6	站立后两排摇摆,前两排端坐	1.0,1.5,2.0,2.2,2.5,2.8
7	站立后一排摇摆,前三排端坐	1.0,1.5,2.0,2.2,2.5,2.8
8	站立后三排摇摆,第一排站立	1.0,1.5,2.0,2.2,2.5,2.8
9	站立后两排摇摆,前两排站立	1.0,1.5,2.0,2.2,2.5,2.8
10	站立后一排,前三排站立摇摆	1.0,1.5,2.0,2.2,2.5,2.8
11	端坐后三排摇摆,第一排端坐	1.0,1.5,2.0,2.2,2.5,2.8
12	端坐后两排摇摆,前两排端坐	1.0,1.5,2.0,2.2,2.5,2.8
13	端坐后一排,前三排端坐摇摆	1.0,1.5,2.0,2.2,2.5,2.8
14	突发事件,10人随机运动	—

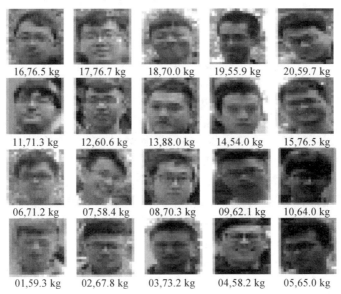

16,76.5 kg　17,76.7 kg　18,70.0 kg　19,55.9 kg　20,59.7 kg

11,71.3 kg　12,60.6 kg　13,88.0 kg　14,54.0 kg　15,76.5 kg

06,71.2 kg　07,58.4 kg　08,70.3 kg　09,62.1 kg　10,64.0 kg

01,59.3 kg　02,67.8 kg　03,73.2 kg　04,58.2 kg　05,65.0 kg

图3.7　　人群自激结构振动试验测试者

除了完成结构上所有人群站立、端坐摇摆及跳跃和弹跳状态外（前 4 个工况），考虑部分人群未参与运动，分别试验了不同位置、不同观众的摇摆运动所产生的的结构振动（第 5 ～ 13 个工况），最后考虑结构上可能出现的突发情况，模拟了 10 人奔跑状态。

3.3　静态人群－临时看台相互作用分析

绪论中已经述及以前的研究工作证明静态人体可视为质量－阻尼－弹簧体系，但人群影响结构动力性能的程度与结构相关，静态人群如何影响临时看台的侧向动力性能，还未有明确的研究结论，所以本节通过临时看台外部激励试验，主要研究两个内容：一是确定临时看台上人前后，结构的动力特性和响应变化情况；二是提出合适的静态人群与结构计算模型参数。

3.3.1　结构动力参数

临时看台动力特性，主要包括结构频率、阻尼比及刚度；动力响应包括结构加速度、位移和应变，接下来分别研究结构特性及响应的变化情况。

1.频率

结构固有频率是研究结构动力响应的基本参数，已有规范（表 1.3）规定临时看台的频率低于某一值时需要进行动力分析。本节通过频域分析人工牵引和正弦波扫频后的结构响应衰减曲线以及白噪声试验，得出结构侧向基本固有频率。对于衰减曲线，发现只有上部斜梁对应的座椅测点 A1 ～ A4 有明显的衰减趋势，整理图 3.8(a) 的时程曲线，得到频域结果；图 3.8(b) 所示为结构上部位移测点正弦扫频后衰减曲线及对应的频域结果；图 3.8(c) 所示为白噪声试验下各加速度测点处的结构频域分析。

由衰减曲线的频域结果得出幅值曲线只有一个明显的峰值，对应的频率分别为 2.7 Hz 和 2.5 Hz，虽然尾部也出现峰值点，但是相比前者幅值很小，可以忽略，从而可以认为该区域的结构主要体现单自由度特性；白噪声试验频域分析（图 3.8(b)）获得了结构的多阶频率，其中座椅处测点 A1 ～ A4、斜梁处测点 A11 ～ A13 和中部水平杆测点 A5 ～ A7 出现了明显的五阶主频，底层水平杆测点 A8 ～ A10 主频特征不明显，接近于振动台台面 A0 的频率变化，表明结构从底部到顶部测点反映出第一阶主频越来越小，而且座椅处幅值越大对应的频率越小，基本都在 3.5 Hz 左右。早期 Ellis 等通过测试 15 种不同类型的 50 个临时可拆卸看台，得出结构水平频率低于 3.0 Hz 的有 15 个结构，3.0 ～ 3.9 Hz 的有 17

个结构,4.0 ～ 4.9 Hz 的有 13 个结构,高于 5.0 Hz 的有 5 个结构。而 Brito 试验测试了 100 人临时看台,得出第一阶侧向主频为 5.78 Hz,第 2、3 阶主频分别为 6.80 Hz 和 7.13 Hz,这些数值表明临时看台第一阶主频较低。本节得出的结构第一阶侧向频率分别为 2.5 Hz、2.7 Hz 和 3.5 Hz,在参考文献的结果范围内。由于结构上部座椅支撑区域频率更接近人体运动频率,所以本节重点分析结构上部区域测点 A1 ～ A4 的数据。

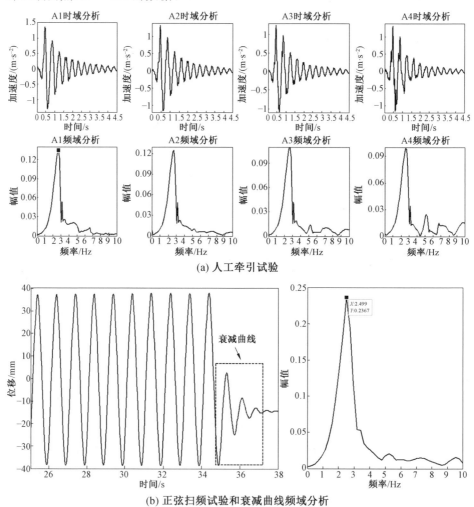

(a) 人工牵引试验

(b) 正弦扫频试验和衰减曲线频域分析

图3.8 结构侧向固有频率

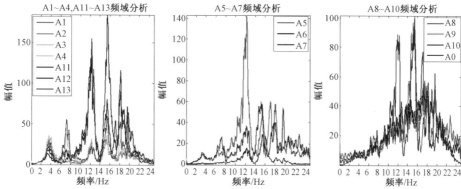

图 3.8(c)

(c) 白噪声试验

续图 3.8

　　沙袋总质量为 1 400.00 kg，人体总质量为 1 405.70 kg，结构总质量为 912.98 kg，结构与沙袋（人群）质量比为 0.65。当结构施加沙袋和承受人体重量时，结构频率将会明显降低，如图 3.9 所示。由图 3.9(a) 所示测点 A1 的频域结果可知，结构频率从空载的 3.5 Hz 降至 2.0 ～ 2.4 Hz(施加沙袋) 和 1.87 ～ 2.00 Hz(上人)；而由图3.9(b) 所示测点 A2 ～ A4 的结果可知，结构频率分别降至1.87 ～2.45 Hz 和 1.60 Hz 左右。如果将结构上部（走道板、座椅横、竖梁、阶梯梁和护栏系统）按照单自由度简化计算，假定第一阶频率对应的模型质量为全部构件质量共计 642.5 kg，沙袋和上人质量为构件质量的 2.18 倍，则结构频率降低至空载结构频率的 68%，即2.38 Hz。施加沙袋的结构频率接近该值，但是上人结构频率明显小于2.38 Hz，结合上人结构主频对应的幅值明显小于施加沙袋的情况，进一步体现了人体耗能的作用。

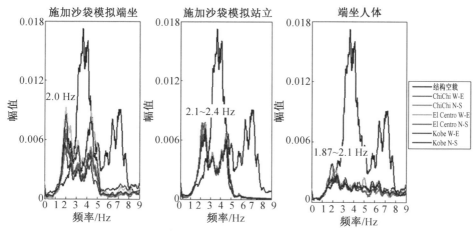

图 3.9(a)

(a) 不同工况下测点A1加速度频域分析

图3.9　结构施加沙袋和上人后 A1 ～ A4 的频域分析

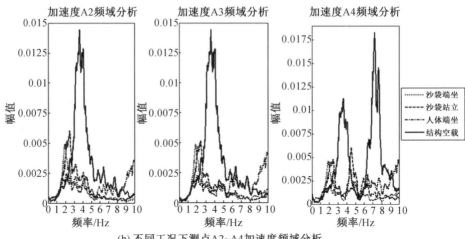

(b) 不同工况下测点A2~A4加速度频域分析

续图 3.9

另外,分析了 20 名站立人体同时在临时看台上进行摇摆后位移测点 L9 和
L6 的衰减曲线及频域结果,如图 3.10 所示,得出结构主频为 2.00 Hz,该值低于
沙袋站立工况的结构主频 2.45 Hz,高于人体端坐工况的结构主频 1.60 Hz。对
比以上工况的结构频率,发现同等质量的人群对结构频率的降低程度大于沙袋,
并且端坐工况的结构频率小于站立工况的结果,由此表明人体端坐状态对降低
结构频率的作用最大,降低幅度达 46%。

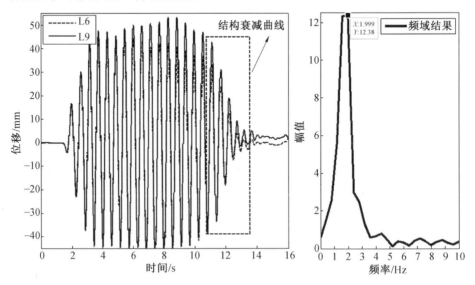

图3.10　20 人站立摇摆后结构衰减曲线及频域分析

图 3.11 为改变局部构件的结构频率变化。图 3.11(a) 为空载结果,形式 1、形式 2 的结构频率从 2.63 Hz 降低至 2.35 Hz,形式 3 的结构频率增大至 3.50 Hz;图 3.11(b) 为施加站立沙袋结果,形式 1 频率几乎未变,仍为 1.60 Hz,然而形式 3 ~ 5 的频率增大至 2.30 Hz 左右;图 3.11(c) 为施加端坐沙袋结果,形式 1、形式 2 频率变化不大,但是形式 3 ~ 5 的频率仍然增大。以上频率变化表明,虽然拆除或添加结构某根杆件不一定能够有效地改变结构上部频率,但是局部区域的斜杆对结构上部区域的频率影响大于水平杆。

以上结果表明不同工况、不同激励和不同结构形式下测点 A1 ~ A4 体现的结构第一阶主频变化规律相近,可以将结构上部区域(阶梯梁及以上结构区域)作为单独的整体进行研究。由此上部结构在不同工况和不同结构形式的频率变化见表 3.4,数据变化表明人群对结构频率的降低非常明显。

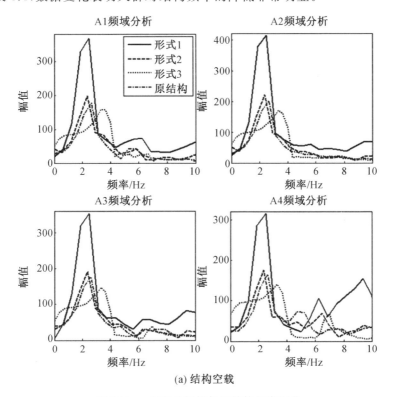

(a) 结构空载

图3.11　改变局部构件的结构频率变化

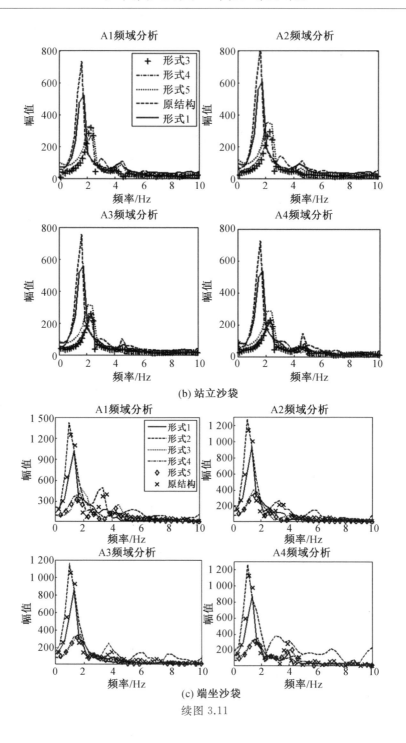

(b) 站立沙袋

(c) 端坐沙袋

续图 3.11

表3.4   试验获得的结构上部区域频率变化

结构工况	原结构、形式 1、形式 2 的第一阶主频 /Hz			形式 3、形式 4、形式 5 的第一阶主频 /Hz		
	白噪声	正弦激励	人工牵引	白噪声	正弦激励	人工牵引
空载	3.50	2.70	2.50	—	3.50	—
沙袋端坐	1.87	1.10	—	—	1.50	—
人体端坐	1.60	—	—	—	—	—
人体站立	—	—	2.00	—	—	—

2.阻尼比

实际结构通过解析解确定阻尼比是非常困难的,通常采用自由振动衰减曲线确定阻尼比,由式(3.1)可计算结构局部区域的阻尼比:

$$\zeta = \frac{1}{2\pi j}\ln\frac{\ddot{x}_i}{\ddot{x}_{i+j}} \quad \zeta = \frac{1}{2\pi j}\ln\frac{x_i}{x_{i+j}} \tag{3.1}$$

式中, x_i, $\ddot{x}_i$, x_{i+j}, $\ddot{x}_{i+j}$ 分别为结构衰减曲线的第 i 次和第 $i+j$ 次的位移和加速度峰值。

通过式(3.1)计算图 3.8(a)的衰减曲线,可获得座椅 4 个测点处的平均阻尼比,并且也计算了另外 5 种结构形式的阻尼比,见表 3.5。

表3.5   试验获得的结构座椅区域平均阻尼比   %

结构工况	原结构	形式 1	形式 2	形式 3	形式 4	形式 5
空载	7.3	7.6	7.3	6.4	—	—
沙袋站立	10.4	11.2	—	9.7	10.6	9.3
沙袋端坐	13.6	13.1	15.5	15.4	15.2	13.4
人群站立	26.4	—	—	—	—	—
人群端坐	48.2	—	—	—	—	—

空载结构得出的阻尼比为 7.3%,大于传统钢结构阻尼比 2%～5%,原因可能是临时看台构件间采用搭接和插接的形式,特别是走道板和支撑梁之间存在一定的间隙,在振动过程中,发现构件间出现明显的相对位移,由此它们之间的摩擦力会导致该区域的结构耗能增加,表现出结构阻尼比的变大。不同结构形式的阻尼比,表明改变结构下部支撑的局部杆件,对上部结构阻尼比影响较小。

另外,虽然施加沙袋可提高结构的阻尼比,但是上人结构阻尼比的增幅更大,由7.3%上升至26.4%和48.2%,而且端坐人群对结构阻尼的贡献大于人体站立状态。值得关注的是,人体虽然能够有效增加结构阻尼比,但是也很大程度地降低了结构频率,对结构的振动既有利也有弊。

3.结构实际振动形态

结构模态振型是指结构在某一主频下的振动形态,即在任一主频下结构振动的形态保持不变。而结构实际振动形态可能是某一阶主频下结构振型的具体体现,也可能是各阶振型相叠加的结果。本节分析了不同结构工况的位移测点峰值,各测点位置距振动台高度分别为:底部测点 L1、L4 和 L7 距台面 0.35 m,中间测点 L2、L5 和 L8 距台面 1.85 m,顶部测点 L3 距台面 2.60 m、L6 距台面 3.35 m 和 L9 距台面 4.10 m。

如果将各位移测点所在的结构区域分别简化为一个集中质量,如图 3.12 结构在激励方向可分为 3 榀:最前一榀、中间一榀和最后一榀。其中,L1～L3 测点相对位移的变化反映最前一榀的振动形态;L4～L6 测点相对位移的变化反映中间一榀的振动形态;L7～L9 测点相对位移的变化反映最后一榀的振动形态。由于结构最底部测点与振动台面相距较近,并且该区域结构与台面直接用高强螺栓固定,所测定的位移与台面位移几乎一致,该区域接近刚性可看作固定约束端。由此,每榀可简化为二自由度体系,理论模态振型如图 3.12 所示。

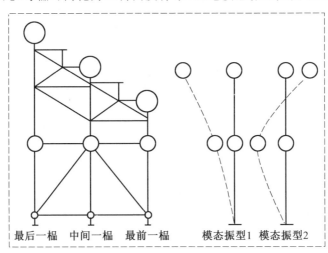

最后一榀　中间一榀　最前一榀　　模态振型1　模态振型2

图3.12　试验结构假定的等效集中质量及单榀模态振型

本节以各测点峰值位移相对值(分别对应减去测点 L1、L4、L7 的位移)的变化分析原结构激励振动形态。结构空载空间振动形态如图 3.13 所示,最前一榀测点变化趋势为中间测点,相对位移大于底部测点,顶部测点值时而大于中间测点,时而小于中间测点;中间一榀的中间测点随激励幅值的增大,相对位移从大于底部测点值向小于底部测点值过渡,而顶部测点与之相反;最后一榀振动形态变化情况与中间一榀基本一致,定性分析可以认为振动形态由反向剪切形式转变为正向剪切形式,而且都表现出结构座椅区域的位移大于结构中部和底部区域。另外,分析结构施加沙袋(模拟人体站立和人体端坐)结构激励振动形态的变化情况,如图 3.14 和图 3.15 所示。与结构空载相比,除个别工况结构存在反向剪切形式,其余大部分结构振动形态趋向于正向剪切型,并且顶部位移变化幅度更加明显。最后,结构上人后振动形态如图 3.16 所示,与结构施加沙袋相比,结构并未体现出显著不同的振动形态,只是测点相对位移有所降低。

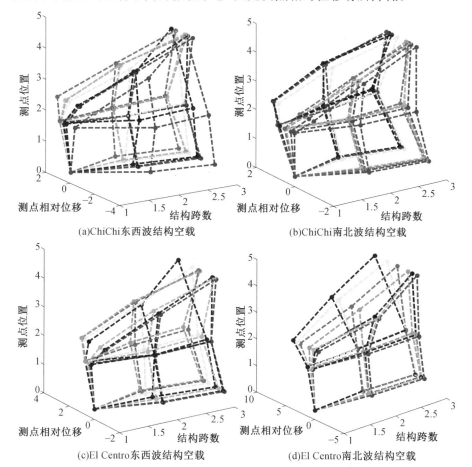

图 3.13

图3.13   结构空载空间振动形态

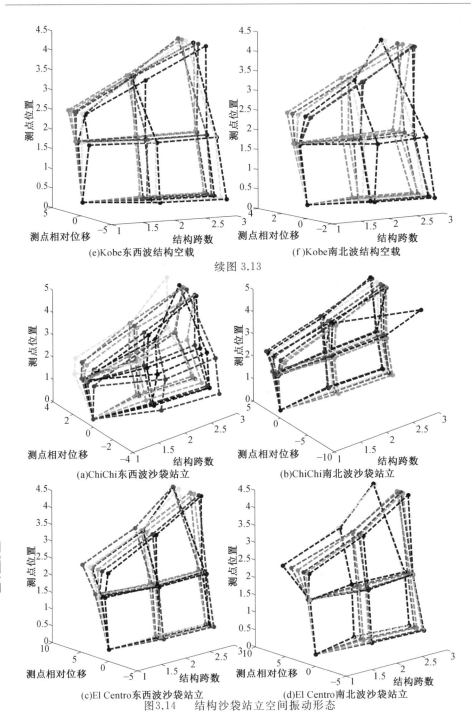

(e)Kobe东西波结构空载　　　　　　　(f)Kobe南北波结构空载

续图 3.13

(a)ChiChi东西波沙袋站立　　　　　　(b)ChiChi南北沙袋站立

(c)El Centro东西波沙袋站立　　　　　(d)El Centro南北沙袋站立

图3.14　结构沙袋站立空间振动形态

图 3.14

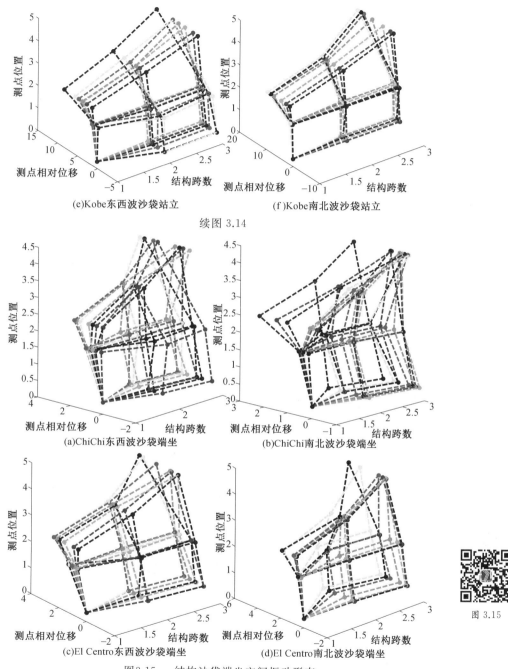

(e)Kobe东西波沙袋站立　　　　　　　　(f)Kobe南北波沙袋站立

续图 3.14

(a)ChiChi东西波沙袋端坐　　　　　　　(b)ChiChi南北波沙袋端坐

(c)El Centro东西波沙袋端坐　　　　　　(d)El Centro南北波沙袋端坐

图3.15　　结构沙袋端坐空间振动形态

图 3.15

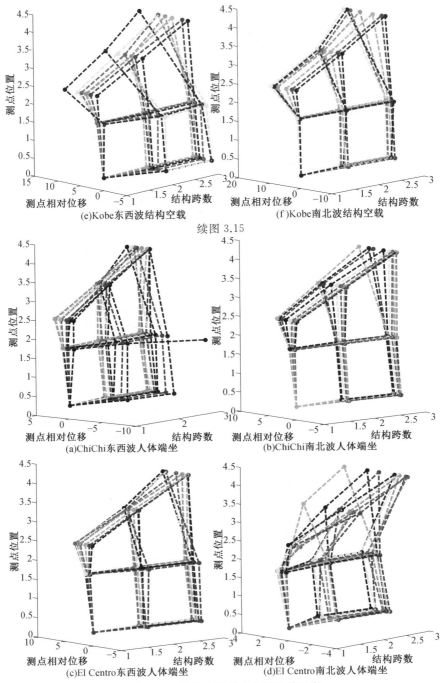

(e)Kobe东西波结构空载　　　　　(f)Kobe南北波结构空载

续图 3.15

(a)ChiChi东西波人体端坐　　　　(b)ChiChi南北波人体端坐

(c)El Centro东西波人体端坐　　　(d)El Centro南北波人体端坐

图3.16　结构人体端坐空间振动形态

图 3.16

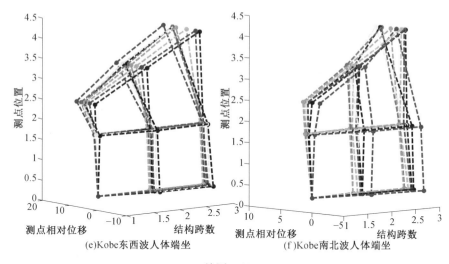

(e)Kobe东西波人体端坐　　　　　(f)Kobe南北波人体端坐

续图 3.16

　　通过以上工况分析的临时看台结构激励振型,可知结构底部在承受水平作用时,由于看台上部为阶梯状结构,位移最大点一般出现在结构最后一排。结构实际振型体现了两自由度模态振型 1 和模态振型 2 的阻尼耦合叠加,并且在一定程度上,由于榀间水平杆件的作用,实际振型存在一定程度的扭转模态。如果将位移测点 L2、L5、L8 形成的结构平面看做结构的中间层,以 L2 测点位移峰值为相对值,统计在该平面内测点变化情况,可以揭示结构在该层平面内产生的扭转现象,图 3.17(a) 所示为在 210 次试验波冲击下结构该层扭转位移,最大值为 7.60 mm;同样如果将顶部位移测点 L3、L6、L9 所形成的结构斜面作为研究对象,以 L3 测点位移峰值为相对值,统计在该斜面内测点变化情况,图 3.17(b) 所示为结构在该层平面产生的扭转位移,最大值为 13.79 mm。从图 3.17(a) 和(b)曲线变化形式可简化得出结构扭转形状,图 3.17(c) 所示为两层结构面的扭转示意图。结构出现扭转主要原因可能是上部座椅为阶梯状,结构空间质量、刚度等分布不均匀,但是在结构跨度为 2.5 m,2 榀间距为 3.0 m 的情况下,上部座椅斜面出现的最大扭转角 φ 为 $\tan^{-1}(13.79\ mm/3\ 000\ mm)=0.26°$,非常小,可以忽略不计。所以本节以看台结构上部座椅区域为重点研究对象时,则该区域在水平激励作用下的振型可以认为整体平动。

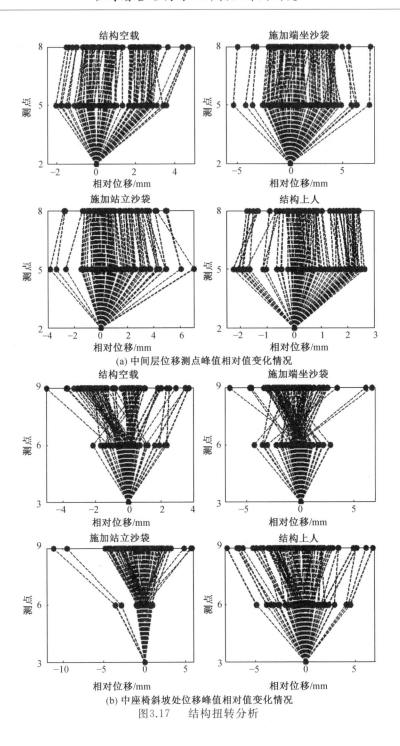

(a) 中间层位移测点峰值相对值变化情况

(b) 中座椅斜坡处位移峰值相对值变化情况

图3.17 结构扭转分析

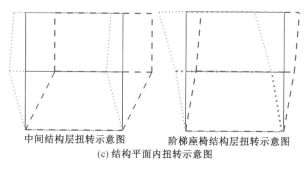

中间结构层扭转示意图　　　　阶梯座椅结构层扭转示意图
(c) 结构平面内扭转示意图

续图 3.17

3.3.2　结构动力响应

研究临时看台结构动力响应,包括结构加速度、位移(变形)和应变,主要分析随输入试验波幅值的线性增大,结构动力响应变化情况。

1.加速度

整理所有工况的测点 A1 ～ A13 数据,发现座椅处测点 A1 ～ A4 值明显大于其他测点,表明与观众直接接触的座椅区域加速度最大,所以本节以此为分析对象。图 3.18 所示为施加 El Centor 南北某幅值试验波后台面加速度 A0 和测点 A1 ～ A4 的加速度时程曲线,台面加速度(红色曲线)曲线与结构加速度曲线形式类似,但后者曲线峰值变大。

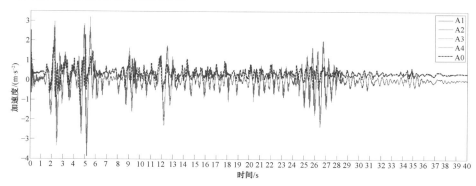

图 3.18

图3.18　台面测点 A0 和结构测点 A1 ～ A4 的加速度时程曲线

整理测点 A1 ～ A4 在结构空载、施加沙袋、上人等,共计 210 个试验波激励的加速度曲线,当以台面加速度峰值(正向、负向)为横坐标,测点加速度峰值(正向、负向)为纵坐标,图 3.19 所示为 El Centro 激励波加速度峰值与结构加速度峰值关系曲线。

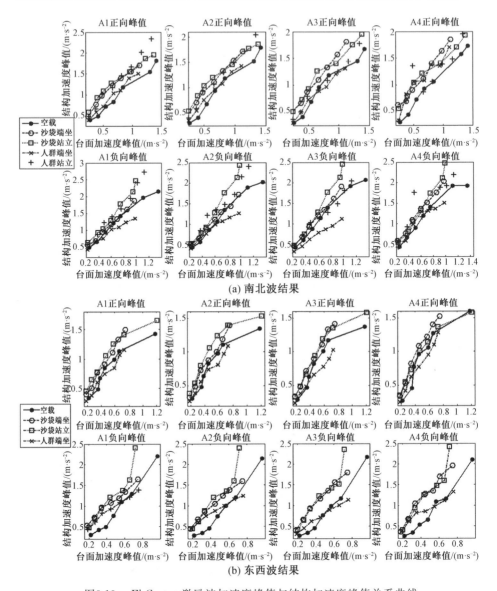

图3.19　El Centro 激励波加速度峰值与结构加速度峰值关系曲线

图 3.19 中曲线基本呈线性关系,个别工况下测点出现异常,原因是结构在多次激励后突然在某工况下斜杆节点出现松动,造成结构响应发生突变。除采用加速度峰值,当考虑一个随机波的振动持续过程对结构的影响时,采用 VDV 作为评价参数也是一种合理的方法,按式(3.2)计算:

$$a_{\text{VDV}} = \left[\int_0^T a_w^4(t)\,\mathrm{d}t\right]^{0.25} = \left(\lim_{\lambda \to 0} \sum_{i=1}^n a_w^4(\zeta_i) \cdot \Delta t_i\right)0.25 = \left(\sum_{i=1}^n [W(f)\,a(t_i)]4 \cdot f'\right)^{0.25}$$

$$\lambda = \max\{\Delta t_1, \Delta t_2, \cdots, \Delta t_n\} \tag{3.2}$$

式中　　a_{VDV} —— 计算的加速度振动剂量值，m/s$^{1.75}$；

　　　　$a(t_i)$ —— 实测的加速度数据，m/s^2；

　　　　$a_w(t)$ —— 加权后的加速度数据，等于 $a(t_i) \cdot W(f)/(\mathrm{m} \cdot \mathrm{s}^{-2})$；

　　　　$W(f)$ —— 频率加权系数，f 为激励频率；

　　　　f —— 数据采样频率，Hz；

　　　　ζ_i —— 每个时间小区间 $[t_{i-1}, t_i]$ 上的任一点；

　　　　Δt_i —— 每个时间小区间的长度；

　　　　T —— 振动持续时间，s；

　　　　n —— 采样点个数。

　　如将图 3.19 纵坐标换成 VDV，如图 3.20 所示，图中各点呈明显线性特征。对比各工况的结果可知，施加沙袋和上人后的结构加速度大于结构空载；沙袋、人体站立状态的结果大于沙袋、人体端坐工况的结果。

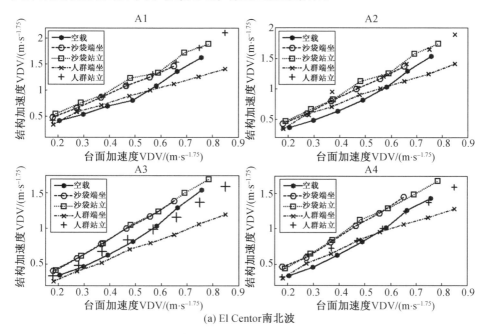

(a) El Centor 南北波

图 3.20　激励波 VDV 与结构 VDV 关系曲线

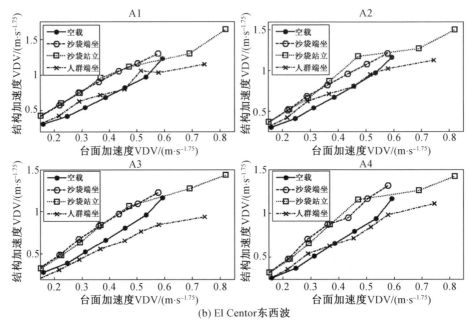

(b) El Centor东西波

续图 3.20

　　分析满载工况归一化的台面峰值和结构峰值规律,图3.21 所示为离散点采用一阶线性最小二乘法拟合,定量对比两者的拟合曲线参数,发现人体端坐状态对结构响应的增幅最小,表明端坐人群耗能作用大于站立人群。

　　分析改变杆件对结构加速度的影响。以施加沙袋工况为例,给出了结构形式 $1 \sim 5$ 在 ChiChi南北 25%、El Centro 东西 25%、ChiChi 东西 40%、Kobe南北 30%、El Centro 南北 35% 和 Kobe 东西 40% 试验波的结构加速度峰值。图3.22 所示为测点 A1 ~ A4 加速度峰值对比图,其中各峰值已转换为在相同激励大小的条件下。相比原结构,结构施加站立沙袋时(图 3.22(a)),形式 1 在 Kobe 南北 30%(峰值 0.97 m/s²) 作用下结构加速度降低,在其他试验波下结构加速度增加,而其他结构形式加速度有时增大,有时降低;当结构施加端坐沙袋时(图 3.22(b)),形式 $3 \sim 5$ 能够降低结构加速度,特别是在测点 A3 处较明显,其他形式和其他测点所反映的规律并不明显。以上结果表明,拆除某个杆件会引起结构响应的变化,但并无明显的规律性。

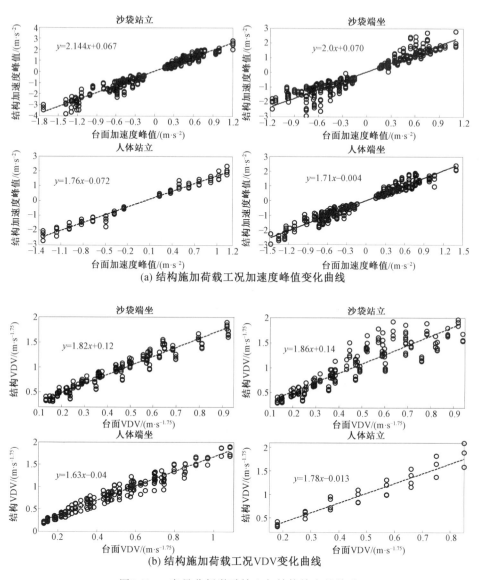

(a) 结构施加荷载工况加速度峰值变化曲线

(b) 结构施加荷载工况VDV变化曲线

图3.21　定量分析激励输入与结构输出的关系

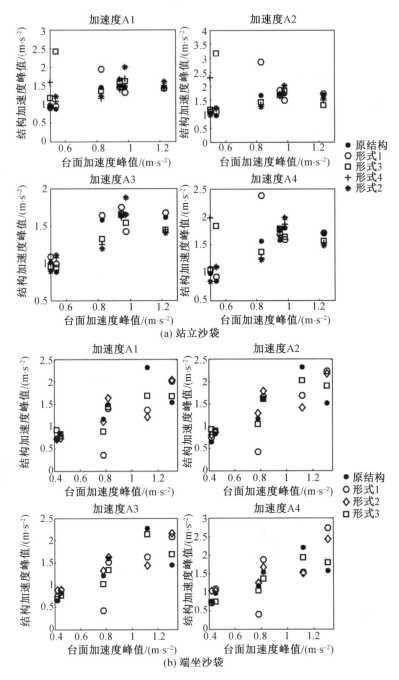

图3.22 不同结构形式下的加速度峰值对比

2.变形

本节分析临时看台在小能量激励波作用下,结构的变形能力。由于上述结构产生最大的绝对变形值在测点 L9 处,以该测点数据分析各工况的结构变形情况。图 3.23 所示为在 5 种工况下随激励幅值的增加结构变形峰值的线性增长关系,体现结构在此工况下具有良好的线性性能。

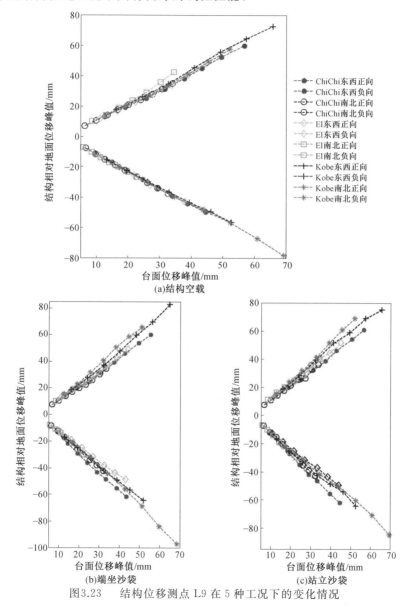

图3.23　　结构位移测点 L9 在 5 种工况下的变化情况

图 3.23

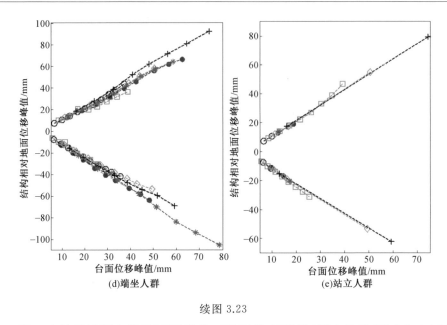

续图 3.23

　　进一步计算该测点结构不同荷载工况下的变形值（测点位移值减去台面位移值），图 3.24 所示为各随机波最后一个激励幅值下结构变形情况。从图中可

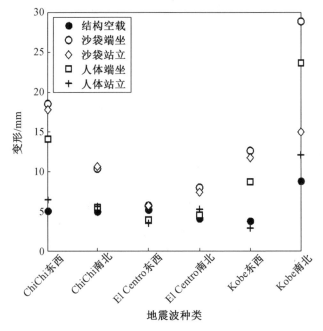

图3.24　　不同工况下各激励波作用后的结构位移

得出以下规律:施加荷载的结构变形大于结构空载状态;存在沙袋的结构变形大于上人结构,并且结构上沙袋(人体)处于端坐状态时,结构变形大于结构上沙袋(人体)处于站立状态;人体站立时,结构变形增加幅度最小,反而有降低现象(El Centro 东西波和 Kobe 东西波)。然而,相比于结构的加速度,静态人体同样能够降低结构的变形,但是人群站立状态对结构变形提供的阻尼贡献大于人群端坐状态。

确定改变结构杆件是否影响结构变形,仍以位移测点 L9 的数据变化为例,图 3.25 所示为结构在空载、施加沙袋(模拟人体站立和端坐)3 种荷载工况的结构变形峰值,图中数据变化表明,增加或减少某根结构杆件并未有效降低结构变形。

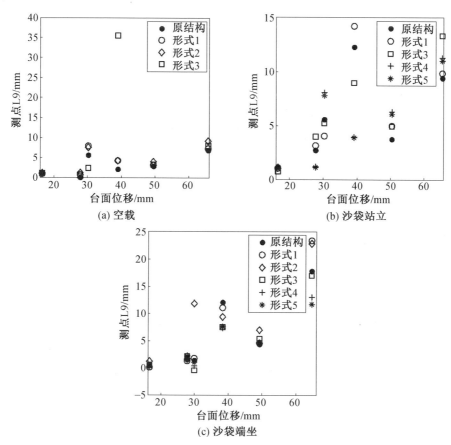

图3.25 不同结构形式的测点 L6 位移值

同样分析结构其他位移测点 L1～L8,发现拆除某根结构杆件,不一定增加结构位移,同样增加某根结构杆件,也不一定降低结构位移,并不具有明显的规律性。

3.应变

当结构承受水平力时,结构竖向杆件会产生弯曲应力,分析结构激励振动形态可知,结构输出曲线在中部会产生较大的变形点,表明该区域能够产生明显的弯曲应力,同时也发现在所有应变测点中,中间榀两侧立柱连接处测点 S25、S26 及其对面立柱测点 S43 和 S44 应变值最大,表明该处为结构受力关键点。整理台面加速度及对应测点 S26 的时程曲线,如图 3.26 所示,实线为台面加速度曲线,虚线为结构测点应变曲线,其中为了显示两者在同一图中,将台面加速度曲线值放大 100 倍,后者曲线变化形状基本符合加速度曲线。

图 3.26

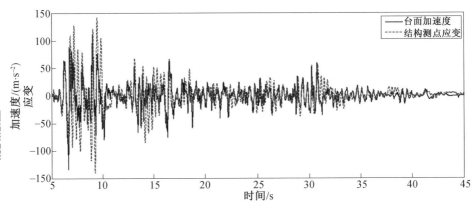

图3.26　　台面加速度曲线及结构应变测点曲线

以测点 S26 为例,分析结构应变的变化情况,如图 3.27 所示,纵坐标为应变峰值,以台面加速度峰值乘以结构总质量得出的瞬时水平荷载峰值力为横坐标,图中显示了不同荷载工况下结构应变的变化情况,随着激励水平力的增加,应变峰值基本呈线性增加趋势,其中结构最大应变为 566 个微应变,瞬时应力为 116 MPa,低于结构材料强度设计值(300 MPa),结构处于线弹性阶段。

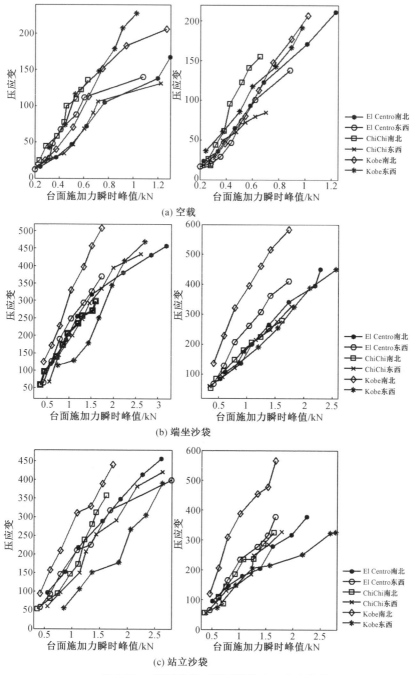

(a) 空载

(b) 端坐沙袋

(c) 站立沙袋

图3.27　不同荷载工况下结构 S26 应变峰值

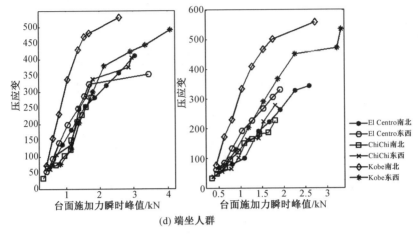

(d) 端坐人群

续图 3.27

如将图 3.27 横坐标换成台面加速度峰值,6 种激励波作用下,结构应变的对比情况如图 3.28 所示,得出施加相同质量的沙袋和人群荷载,上人荷载产生的应力明显小于施加沙袋的结果。该现象不仅验证了人群作为质量－阻尼－弹簧系统的作用,更重要的是可以获得人群对结构响应的影响程度,为此,结构上人工况的最大应变除以结构施加沙袋工况的最大应变,相比单纯考虑质量结构的响应降低幅度在 66% ~ 84% 之间。

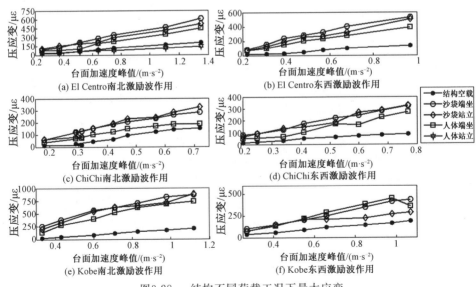

图3.28　结构不同荷载工况下最大应变

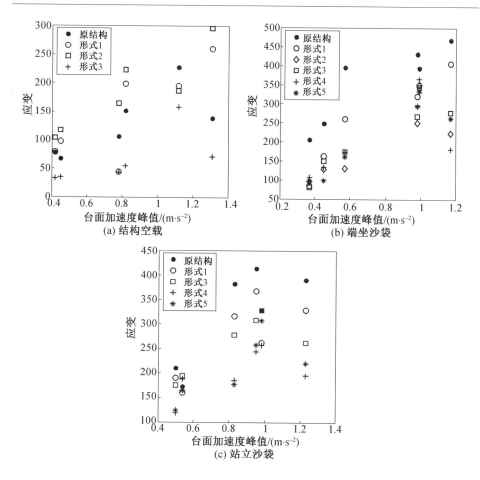

图3.29　不同结构形式的测点 S26 的最大应变

同样研究改变结构杆件是否影响结构应变,仍以应变测点 S26 的数据变化为例,图 3.29 所示为结构在空载、施加沙袋荷载工况的应变峰值,图中数据变化表明,增加或者减少某根结构杆件,结构空载状态应变变化规律也不明显,承受沙袋的结构测点应变值基本处于降低现象,特别是沙袋模拟人体端坐时,形式 1～5 测点 S26 应变都出现了降低情况;沙袋模拟人体站立时,除了在 ChiChi 波作用后结构形式 3 和形式 4 应变增加外,其他激励波作用下都降低。然而,这仅仅表明改变结构杆件,只是降低了该测点应变。进一步分析改变结构杆件是否降低立柱应力,结果表明,根据结构传力原理,不同荷载工况所传递的杆件受力路径不同,当结构刚度发生变化时,内力会出现重分配,结构受力关键点也会相应改变。值得注意的是,沙袋模拟人体端坐时结构应变最大。

3.3.3 静态人群动力参数

在传统结构中,将静态人体视为质量－阻尼－弹簧系统是一种可取的简化方法,表1.2给出了一些人体模型的动力参数,由于这些参数是人体在单块振动板上测试的结果,并未过多考虑结构的影响,并且人体承受的振动方向主要来自竖向。本节通过上人临时看台侧向振动试验,基于二自由度体系的人群与结构相互作用模型,探索临时看台结构静态人体动力参数,图3.30所示为静态人体动力参数模拟过程。

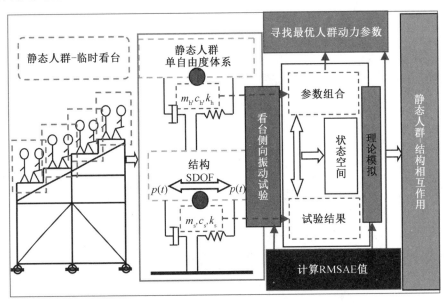

图3.30 静态人体动力参数模拟过程

1.耦合模型

由于人群和结构分别简化为集中质量－阻尼－弹簧单自由度模型,人群与结构相互作用的二自由度耦合模型计算式分别为

$$\boldsymbol{M}\{\ddot{x}(t)\} + \boldsymbol{C}\{\dot{x}(t)\} + \boldsymbol{K}\{x(t)\} = \boldsymbol{F}(t) \tag{3.3}$$

其中,质量矩阵、阻尼矩阵和刚度矩阵为

$$\boldsymbol{M} = \begin{bmatrix} m_s & 0 \\ 0 & m_h \end{bmatrix}_{2\times2}$$

$$\boldsymbol{C} = \begin{bmatrix} c_s + c_h \Phi^2(x) & -c_h \Phi(x) \\ -c_h \Phi(x) & c_h \end{bmatrix}_{2\times2}$$

$$\boldsymbol{K} = \begin{bmatrix} k_s + k_h \Phi^2(x) & -k_h \Phi(x) \\ -k_h \Phi(x) & k_h \end{bmatrix}_{2\times 2} \tag{3.4}$$

系统位移及作用力为

$$\{x\} = \begin{Bmatrix} x_s \\ x_h \end{Bmatrix}_{2\times 1} \quad \boldsymbol{F}(t) = \begin{bmatrix} p(t)\Phi(x) \\ 0 \end{bmatrix}_{2\times 1} \tag{3.5}$$

式中，m_h 为人群模型质量；c_h 为人群模型阻尼；k_h 为人群模型刚度；$p(t)$ 为振动台传递给结构的外力；$\Phi(x)$ 为结构振型，考虑结构与人群在水平方向为同一振型，本节将其假定为 1。

计算二自由度体系可采用状态空间模型，利用 MATLAB 软件 Simulink 模块编写程序计算，图 3.31 所示为状态空间模型参数计算过程，其中参数 $\boldsymbol{A}$ 为系统传递状态矩阵，$\boldsymbol{B}$ 为输入矩阵，$\boldsymbol{E}$ 为输出矩阵，$\boldsymbol{D}$ 为直接传递矩阵。

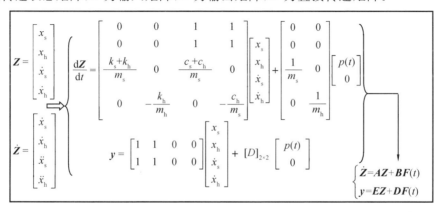

图3.31　　状态空间模型计算二自由度体系

图 3.7(a) 得出结构上部区域阻尼频率 f_s 为 2.7 Hz，对应的阻尼比 ζ_s 为表 3.5 中 7.3%。走道板在水平方向一般按刚性板计算，结构的抗侧向力刚度主要由座椅梁和下部杆系支撑体系提供，将上部结构单排走道板所属的结构区域（加速度测点 A1～A4 所代表的结构区域）简化为质量－阻尼－刚度的单自由度模型，由此所考虑的结构简化模型刚度 k_s 和模型质量 m_s，分别按式(3.6)计算：

$$f_s = f_{us}\sqrt{1-\zeta_s^2} \tag{3.6 a}$$

$$k_s = w_s^2 m_s = (2\pi f_{us})^2 m_s \tag{3.6 b}$$

$$c_s = 2\zeta_s\sqrt{k_s m_s} \tag{3.6 c}$$

式中，k_s 为结构模型刚度；c_s 为结构模型阻尼；f_{us} 为结构无阻尼频率。

为了获得结构模型的刚度和质量，通过施加一个质量为 78 kg 的质量块在结构中部走道板，采用牵引方式获得了结构的衰减曲线，如图 3.32 所示。对衰减曲线进行频域分析后,获得考虑结构阻尼的频率 f_s 为 2.0 Hz,平均阻尼比 ζ_s 为 7.2%。由此计算该工况下结构单自由度计算体系的频率,考虑结构阻尼和不考虑结构阻尼时按式(3.7)计算:

$$f'_{us} = \frac{1}{2\pi}\sqrt{\frac{k_s}{m_s + m_b}} \tag{3.7 a}$$

$$f'_s = f'_{us}\sqrt{1 - \zeta'^2_s} \tag{3.7 b}$$

式中,f_{us} 为未考虑结构阻尼时频率;m_b 为质量块的质量。

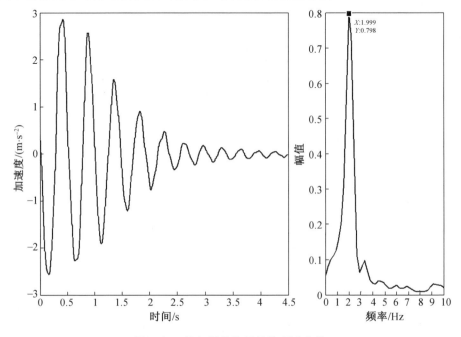

图3.32　施加质量块后结构衰减曲线

由式(3.6)和式(3.7),可以推导出 m_s 与 m_b 之间的关系为

$$m_s = \frac{f'^2_s m_b}{\dfrac{f^2_s(1 - \zeta'^2_s)}{1 - \zeta^2_s} - f'^2_s} \tag{3.8}$$

将相关参数带入式(3.8)中,得出 $m_s = 138.6$ kg,将其带入式(3.6b)和式(3.6c),得出 $k_s = 34\ 164$ N/m,$c_s = 318$ (N·s)/m。基于这些结构参数,理论计算结构的自由振动衰减曲线并与试验初位移 $x(0) = 35$ mm,初速度为零的实测曲线对比,如图 3.33 所示,为两者曲线变化基本一致,说明简化的结构模型计算参数是合理的。根据表 1.2 研究的结果,人体动力参数或为某一数值或在某一范围内。为了探索合理的参数,基于研究结果,首先将静态人体侧向动力参数设

定在一定范围内:人群频率 f_h 在 0.5 ~ 4.0 Hz 并按照 0.1 递增,人群阻尼比 ζ_h 在 0.3 ~ 0.5 并按照 0.1 递增,人群模型质量比 γ(模型质量与人群自重之比)在 0.7 ~1.0 并按照 0.1 递增。

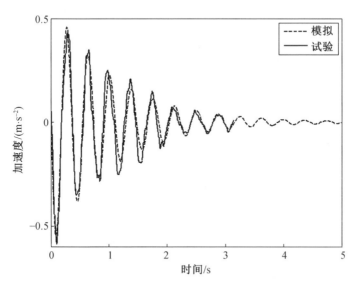

图3.33　　实测曲线和理论计算对比

2.拟合优化方法

恰当的人体模型动力参数,可以有效预测结构动力响应,根据试验得到的结构动力参数,选取人群动力参数的任一组合值,在一定的 $p(t)$ 作用下,可以计算结构动力响应。本节利用实测的 75 条结构加速度曲线,采用参数优化方法,获得恰当的人群动力参数,具体步骤如图 3.34 和图 3.35 所示,分别为模型迭代过程和参数优化方法。实现方法如下。

(1)形成人体动力参数数组。

根据给定的人群动力参数范围值,其中人群频率 36 个,阻尼比 3 个,质量比 4 个。根据式(3.6b)和式(3.6c),得出人群模型质量数组有 4 个元素,刚度数组有 144 个元素,阻尼数组有 432 个元素。对应的参数矩阵有 432 种。每种参数矩阵对应一组人群动力参数 f_h、ζ_h、γ。

(2)确定合理的 $p(t)$。

随机波通过振动台传给结构底部和上部的荷载效应是不同的。曲线幅值表明直接采用振动台台面加速度曲线作为二自由度系统的外部激励是不合适的。分析结构加速度测点 A1 ~ A4 的 VDV 平均值与台面加速度 A0 的 VDV 关系,由图 3.36 离散点的分布可知所假定的结构模型在试验波振动幅值下具有线性关系。据此认定模型输入激励 $p(t)$ 与振动台台面加速度存在以下关系：

$$p(t) = \beta m a_0(t) \tag{3.9}$$

式中，m 为系统质量，空载结构，等于 m_s；结构施加沙袋，等于 $m_s + m_{bga}$，其中 m_{bga} 为沙袋质量；结构上人，等于 $m_s + m_h$。$a_0(t)$ 为台面加速度曲线。参数 β 的物理意义为人群与上部结构耦合系统的外部激励荷载传递解耦系数。

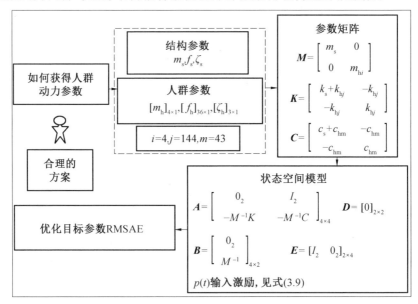

图3.34　　人体动力参数计算迭代算法

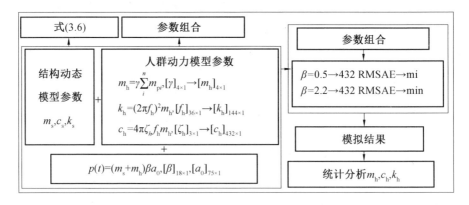

图3.35　　人群动力参数优化过程

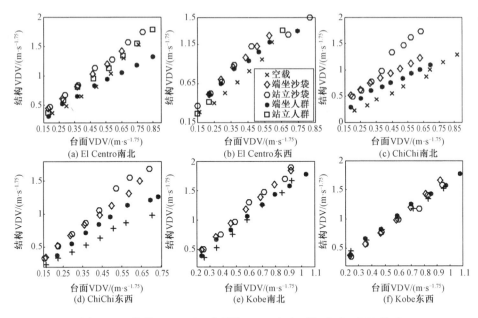

图3.36　结构 A1 ～ A4 的平均 VDV 与台面加速度 VDV 关系

为了获得合理的参数 β，采用尝试法。首先给出 β 值，根据上述给定的系统参数，计算结构加速度曲线，以误差 $\Delta = |\, a_{输出} - a'_{输出}\,|$ 为选择条件，直至找到合理的 β 值，其中 $a_{输出}$ 为结构实测加速度 VDV，$a'_{输出}$ 为结构计算加速度 VDV。结构承受沙袋时，仅考虑沙袋质量，不考虑沙袋对结构阻尼的影响，则结构频率 f_b 可按式(3.10)计算：

$$f_b = \sqrt{\frac{1}{1 + \dfrac{m_b}{m_s}}}\, f_s \tag{3.10}$$

式中，f_b 为沙袋模型质量，假定沙袋模拟人体端坐状态时质量全部参与，则 $m_b = 5 \times 70 = 350$ kg，计算该式得出 $f_b = 1.33$ Hz，结构阻尼比不变仍为7.3%。

由此，也可以计算出施加沙袋的结构响应，并采用相同方法寻找合适的 β 值。如以 ChiChi 东西某个试验波作为 $a_0(t)$，结构空载和施加端坐沙袋时参数 β 分别为1.21和0.97，并且对比计算的结构加速度曲线与实测曲线，在时域和频域内具有良好的匹配性，分别如图 3.37 和图 3.38 所示。根据此方法，获得了结构在其他激励波作用下理论计算的参数 β 值，图3.39所示为分布情况，图中不同形状的离散点对应于不同种类激励波作用下的结果，从离散点的变化趋势可以判断，虽然各激励波的激励幅值呈线性增加，但是结构底部传给结构上部的激励作用传递趋于稳定，β 值在一定范围内波动，表明无论结构荷载工况如何，该参数处于一个范围值内。

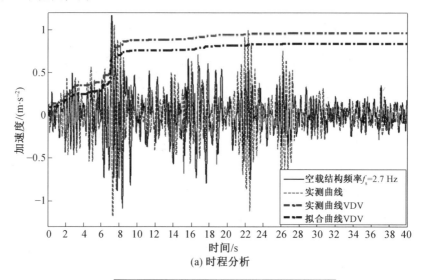

(a) 时程分析

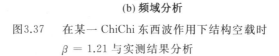

(b) 频域分析

图3.37　　在某一 ChiChi 东西波作用下结构空载时
$\beta = 1.21$ 与实测结果分析

图 3.37

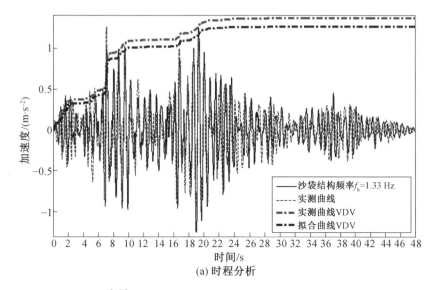

(a) 时程分析

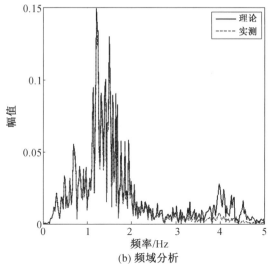

(b) 频域分析

图3.38　在某一 ChiChi 东西波作用下施加沙袋时
$\beta = 0.97$ 与实测结果分析

图 3.38

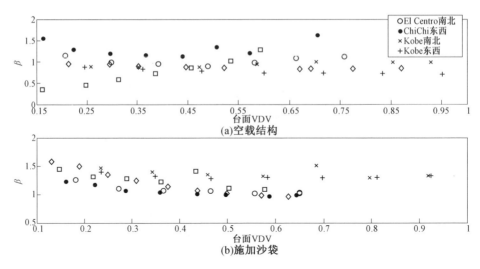

图3.39　理论计算和实测计算 β 值

（3）优化方法。

参考图 3.39 得出的参数 β 值范围，考虑结构上人工况时 β 值设定在 $0.5 \sim 2.2$（步长 0.1 增加）之间变化。同一个激励波，将会对应 18 个 β 值，同一个 β 值，将会计算 432 次结构耦合模型。为了获得恰当的人体动力参数组合，引用加速度平方根残差积累值（Root Mean Square Accumulation Error，RMSAE），见式（3.11），以 432 个 RMSAE 值中最小值作为目标参数。

$$\text{RMSAE} = \sqrt{\frac{\sum_{i=1}^{N} (a_{\text{实测},i} - a_{\text{理论},i})^2}{N}} \tag{3.11}$$

式中，N 为加速度曲线数据点的个数；$a_{\text{实测},i}$ 为试验加速度曲线的第 i 个数据点；$a_{\text{理论},i}$ 为理论计算加速度曲线的第 i 个数据点。

由于获得的最小 RMSAE 值对应一组人群动力参数，因此每个试验波可以获得 18 组人群动力参数，因为有 75 条实测曲线，将会有 1 350 组人群动力参数。以上计算及优化过程采用 MATLAB 编程计算，具体程序见附录 1。

3.人群动力参数

为验证该算法的有效性和合理性，以一条 ChiChi 南北波为模型激励，参数 β 值取 2.2 时，342 个 RMSAE 值对应的人群动力参数关系曲面如图 3.40 所示。图中绿色曲面为 $\zeta_h = 0.3$ 时 γ 和 f_h 分布情况，蓝色曲面为 $\zeta_h = 0.4$ 时的分布情况，红色曲面为 $\zeta_h = 0.5$ 时的分布情况，其中每个曲面均存在唯一的最小曲面点，由此表明该算法的稳定性和收敛性,以及模型和参数优化方法的有效性和合理性。图中最小 RMSAE＝0.383,该点对应 ζ_h＝0.5、f_h＝1.7、γ＝0.7 为本次迭代最优解。

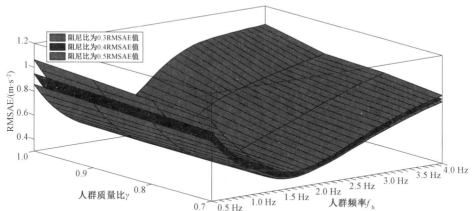

图3.40　ChiChi 南北试验波 $\beta=2.2$ 时 RMSAE 的分布情况

　　进一步,计算了 ChiChi 南北的 10 个试验波及参数 β 值在[0.5,2.2]之间的 18 个优化结果,由此共获得 10 条曲线的 180 个初次优化解,如图 3.41 所示。从图中可知,所有曲线随着 β 值的增加,最小 RMSAE 值存在先减小后增大的现象。在这些 RMSAE 值中,每一个值对应一组人体动力参数,其中对应的人体频率如图 3.42 所示,图中显示在输入能量较小时(输入 VDV 不大于 0.53 时),随着 β 值的增加,计算的人体频率逐渐增加(1.3 Hz → 1.7 Hz;1.4 Hz → 1.8 Hz;1.6 Hz →1.8 Hz),但是当输入能量增大时,随着 β 值的增加,计算的人体频率逐渐降低,范围基本处于 3.0 Hz 以内。

　　按照以上分析方法,获得了人群端坐状态 51 条试验激励波的 918 个最优解。数据显示所有人体参数的最优解中,唯一不变的是人体阻尼比为 0.5,人体质量比在 0.7 ～ 1.0 之间,端坐人体模型动力参数分析如图 3.43 所示。其中,图 3.43(a) 为质量比 γ＝0.7 时共计 634 个 f_h 优化值的分布情况,分别来自 ChiChi 南北试验波的 174 个结果,ChiChi 东西试验波的 120 个结果,El Centro 南北试验波的 119 个结果,El Centro 东西试验波的 130 个结果,Kobe 南北试验波的 46 个结果,Kobe 东西试验波的 45 个结果,f_h 分布在 1.5 ～ 2.5 Hz 之间;图 3.43(b) 为质量比 γ＝0.8 时共计 78 个 f_h 优化值的分布情况,分别来自 ChiChi 东西试验波的 23 个结果,El Centro 南北试验波的 12 个结果,El Centro 东西试验波的 9 个结果,Kobe 南北试验波的 16 个结果,Kobe 东西试验波的 18 个结果,f_h 分布在

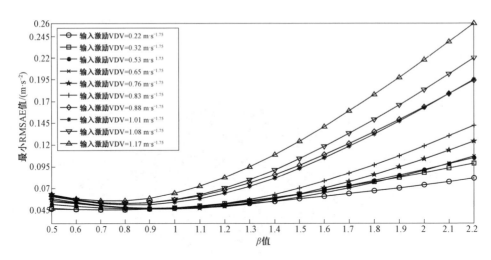

图3.41 不同能量的 ChiChi 南北试验波取不同 β 值后计算最小的 RSMAE 值

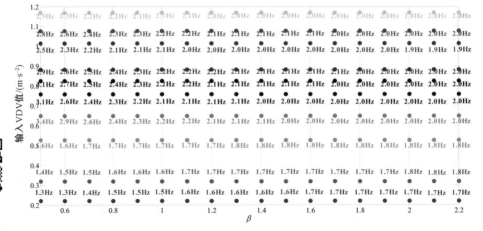

图3.42 ChiChi 南北试验波下不同 β 值计算的最小 RSMAE 值所对应的人体频率

1.9～2.5 Hz 之间；图 3.43(c) 为质量比 γ =0.9 时共计 56 个 f_h 优化值的分布情况，分别来自 ChiChi 东西试验波的 13 个结果，El Centro 南北试验波的 8 个结果，El Centro 东西试验波的 4 个结果，Kobe 东西试验波的 17 个结果，f_h 分布在 1.8～2.4 Hz 之间；图3.43(d) 为质量比 γ=1.0 时共计 150 个 f_h 优化值的分布情况，分别来自 ChiChi 东西试验波的 7 个结果，El Centro 南北试验波的 6 个结果，El Centro 东西试验波的 6 个结果，Kobe 南北试验波的 68 个结果，Kobe 东西试验波的 63 个结果，f_h 分布在 1.8～2.5 Hz 之间。

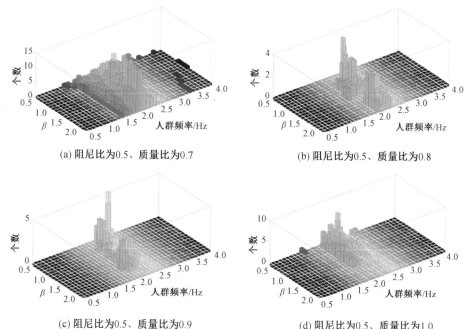

(a) 阻尼比为0.5、质量比为0.7　　　　　(b) 阻尼比为0.5、质量比为0.8

(c) 阻尼比为0.5、质量比为0.9　　　　　(d) 阻尼比为0.5、质量比为1.0

图3.43

图3.43　端坐人体模型动力参数分析

采用相同方法，图 3.44 为站立人体模型动力参数分析。图 3.44(a) 为模型计算的 432 个频率分布情况，频率分布在 0.5 ～ 1.6 Hz 之间。预测的结果中，唯一不变的参数是人群质量比 $\gamma = 0.7$，ζ_h 在 0.3 ～ 0.5 之间变化。具体分布分别如图 3.44(b) ～ (d) 所示，其中图 3.44(b) 为 $\zeta_h = 0.3$ 时，92 个 f_h 值分布在 0.5 ～ 1.4 Hz 之间；图 3.44(c) 为 $\zeta_h = 0.4$ 时，232 个 f_h 值分布在 0.7 ～ 1.7 Hz 之间；图 3.43(d) 为 $\zeta_h = 0.5$ 时，108 个 f_h 值分布在 1.0 ～ 1.8 Hz 之间。

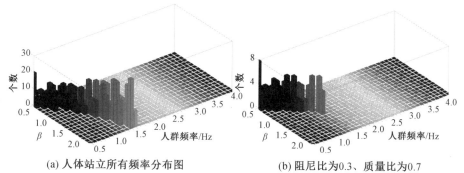

(a) 人体站立所有频率分布图　　　　　(b) 阻尼比为0.3、质量比为0.7

图3.44

图3.44　站立人体模型动力参数分析

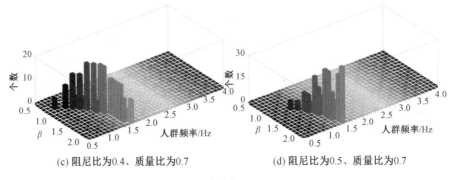

(c) 阻尼比为0.4、质量比为0.7　　　　　　(d) 阻尼比为0.5、质量比为0.7

续图 3.44

由于图 3.41 中曲线显示 β 值在 $0.5 \sim 2.2$ 变化时,每条曲线均存在一个最小值,该值的物理意义为此值对应的模型参数所计算的理论结果与实测结果最为相近,可认定该模型所选的人体动力参数最合适,也是每个工况计算的最优解。由此,共有 75 个最优解,其中人体端坐模型 51 个,人体站立模型 24 个。对于人群端坐,阻尼比 ζ_{h} 为定值 0.5,但是频率 f_{h} 和质量比 γ 为变化值,而对于人群站立,质量比 γ 为定值 0.7,频率 f_{h} 和阻尼比 ζ_{h} 为变化值。

统计分析以上各变量的分布情况,图 3.45 所示为人群端坐模型获得的人体动力参数最优参数,其中图 3.45(a) 为人群频率分布情况,变化范围在 $1.5 \sim 2.7$ Hz 之间,并且符合对数正态分布,最可能出现的频率为 2.0 Hz;图 3.45(b) 为质量比分布,变化范围在 $0.7 \sim 1.0$ 之间,同样符合对数正态分布,并且最可能出现的值为 0.7。图 3.46 所示为人群站立模型获得的人体动力参数最优参数,其中图 3.46(a) 为频率分布,变化范围在 $1.3 \sim 1.6$ Hz 之间,符合正态分布,最可能出现的频率为 1.5 Hz;图 3.46(b) 为阻尼比分布,变化范围在 $0.3 \sim 0.5$ 之间,同样符合正态分布,最可能出现的值为 0.4。

分析静态人群对结构动力响应的影响,有 3 种简化的单自由度静态人群模型:仅考虑人群质量(mass only model);考虑人群质量和人体刚度(undamped model);考虑人群质量、刚度和阻尼(damped model),如图 1.11 给出的模型。为了验证假定的模型和得出的参数是否合理,分别计算了这 3 种端坐人群模型与结构模型的二自由度耦合系统,并随机选取一条 El Centro 东西试验波作为激励波,且参数 β 取 1.5、$f_{h}=1.8$ Hz、$\zeta_{h}=0.5$ 和 $\gamma=0.8$,结构参数不变,得到 3 种模型结构加速度时程曲线及频域结果分别如图 3.47 所示。比较时程曲线发现,仅考虑人体质量模型和考虑人体质量及刚度模型所产生的曲线,从形式和幅值上明显不同,并且幅值远大于实测结果,只有考虑人体为质量 — 阻尼 — 弹簧模型

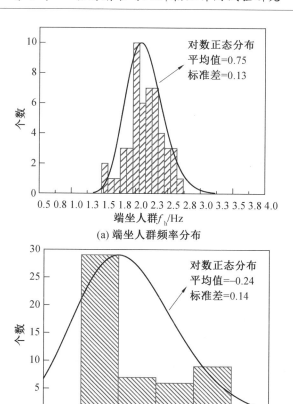

(a) 端坐人群频率分布

(b) 端坐人群质量比分布

图3.45　端坐人群模型最优参数频率与质量比分布

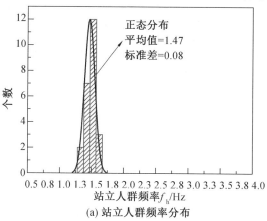

(a) 站立人群频率分布

图3.46　站立人群模型最优频率及阻尼比分布

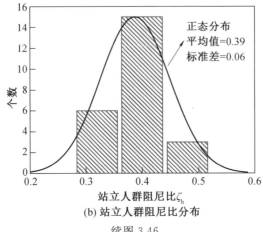

(b) 站立人群阻尼比分布

续图 3.46

获得的理论曲线与实测曲线较相近,若采用前两种假定的人体计算简化模型,将导致预测的结构响应过大,对结构的设计造成不必要的浪费。频域分析结果如图 3.47(b) 所示,峰值个数表明实测结构的两阶主频分别为 1.1 Hz 和 1.5 Hz,仅考虑人体质量模型的结构主频只有一个,为 1.5 Hz;质量－刚度模型结构主频为 1.1 Hz 和 3.8 Hz,出现了增大的现象;而质量－阻尼－刚度模型反映出的两个主频与实测的最为相近,分别在 1.1 Hz 和 1.5 Hz 附近。

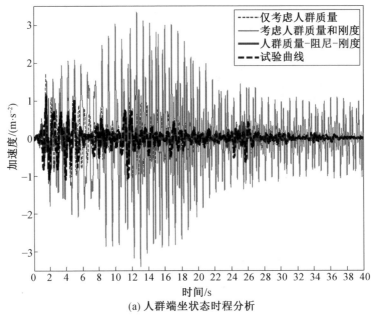

(a) 人群端坐状态时程分析

图 3.47

图3.47　73 种模型计算结果与实测对比分析

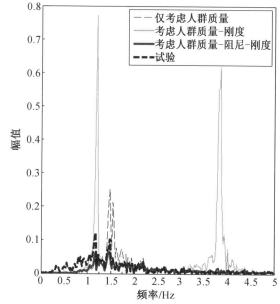

(b) 人群端坐状态频域分析

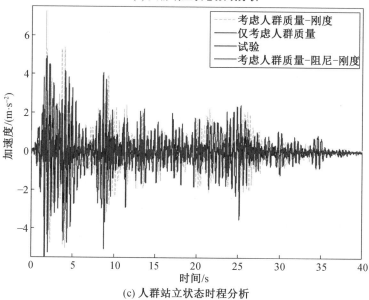

(c) 人群站立状态时程分析

续图 3.47

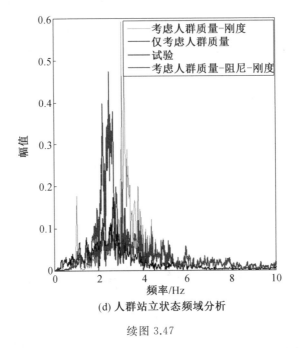

(d) 人群站立状态频域分析

续图 3.47

　　同样分别计算了 3 种站立人群模型与结构模型的二自由度耦合系统,并随机选取一条 El Centro 南北试验波作为激励波,且参数 β 取 1.2、$f_h = 1.3$ Hz、$\zeta_h = 0.4$ 和 $\gamma = 0.7$,结构参数不变,得到 3 种模型结构加速度时程曲线及频域结果分别如图 3.47(c)、(d) 所示,时程曲线和频域曲线进一步证明获得的静态人群参数合理。

3.4　动态人群作用下临时看台结构响应

　　动态人群对临时看台究竟能够引起多大的结构响应,本节通过测试 20 人运动引起的结构振动,分析人群共同作用下结构关键测点动力响应及结构频率,具体研究工作如下。

3.4.1　结构水平响应

1.应变

　　人群在看台上进行摇摆运动所产生的结构响应中,测点 S25(中间楄立柱中部连接处)的应变值最大,图 3.48 和图 3.49 所示分别为 20 名人群站立和端坐状态进行不同摇摆频率作用后该测点的应变曲线。图中曲线形状随摇摆频率增大,特别是在节拍器激发频率大于 3.0 Hz 后,逐渐呈现一定的周期性和对称性。整理各工况下(表3.3 的人群摇摆工况)测点 S25 的最大应变峰值,如图3.50所示,图中横坐标为人群实际摇摆频率值的 2 倍,离散点变化趋势说明结构最大应变随人群摇摆频率的变大呈非线性增长,其中人群全部站立摇摆时,立柱最大瞬时应变为 1 003 个微应变,对应的瞬时应力为 205 MPa。

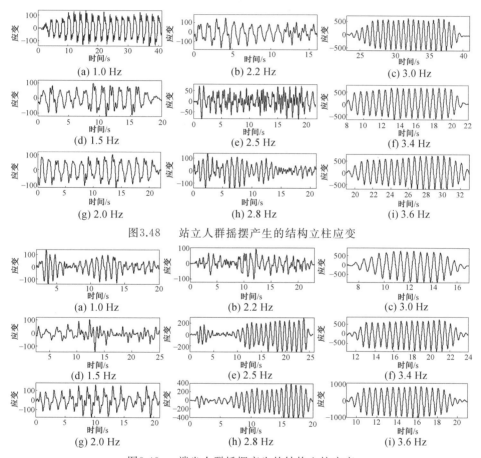

图3.48　站立人群摇摆产生的结构立柱应变

图3.49　端坐人群摇摆产生的结构立柱应变

值得注意的是,在人群站立摇摆工况中(图 3.50(a)),当第一排端坐不动(空心圆圈),后三排站立摇摆所产生的应变大于所有人站立摇摆产生的结构应变,然而当第一排站立不动时(叉号点),应变变化正好相反,表明第一排站立摇摆对增加结构的响应程度低于第一排端坐静止状态,可能原因为端坐人群能够有效增加结构质量,进而人群站立摇摆状态能够增大结构响应,而人群端坐摇摆时结构应变却没有增大(图3.50(b))。可以认为看台上的人群,在前排人群端坐而后排人群站立摇摆,以及所有人群共同运动时应考虑结构的动力响应。

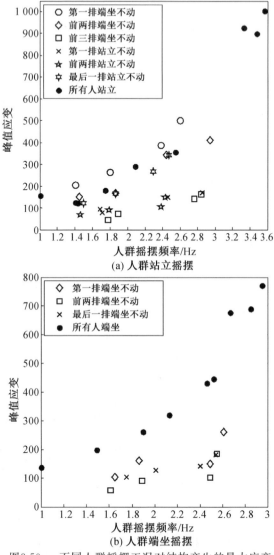

(a) 人群站立摇摆

(b) 人群端坐摇摆

图3.50　　不同人群摇摆工况对结构产生的最大应变

2.位移

各试验工况下,位移测点 3 号、6 号和 9 号的最大值相差不大,一般不超过 1.0 mm。以 9 号测点为分析对象,图 3.51 所示为位移峰值随 2 倍于人群实际摇摆频率值的变化情况。其中图 3.51(a) 为工况 1 和工况 5～10 的结构最大位移峰值,实心圆点为 20 人站立摇摆,其他离散点为不同人数和不同位置的人群对结构产生的位移,该图离散点表明,摇摆人数越多产生的结构位移越大,20 人全部站立进行

3.57 Hz 摇摆所产生的位移(单向峰值)最大为 57 mm,反之摇摆人数越少产生的结构位移越小,方形离散点为 5 人在结构上进行摇摆试验,最大位移不超过10 mm。另外,非摇摆人群端坐时,由站立人群摇摆共同作用产生的位移大于站立状态的非摇摆人群,如空心圆圈点、菱形离散点分布明显大于叉号点、星形离散点的分布。所有离散点变化趋势均表明,随着人群摇摆频率的增加,结构位移呈非线性增长,并且端坐人群摇摆产生的结构位移峰值(图 3.51(b))也遵循这种现象。对比两个图的最大位移值,站立人群产生的位移大于端坐人群的结果。

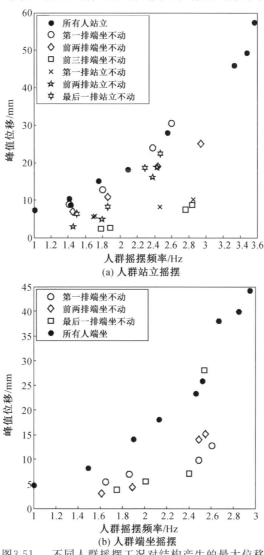

图3.51　不同人群摇摆工况对结构产生的最大位移

3.频率

已知结构空载频率为 2.5 ~ 3.5 Hz,当结构上人摇摆时,人与结构相互作用使得结构频率发生改变。图 3.52(a) 为人群站立摇摆结构的频率,其中当摇摆频率 f 为 1.785 Hz 时幅值最大,这是因为该频率与结构上人后固有频率 2.0 Hz 接近,表明结构在人群运动作用下出现了近似共振现象。图 3.52(b) 为人群端坐摇摆结构的频率,同样在摇摆频率为 1.4 Hz 左右时幅值最大,表明该频率下人群摇摆结构响应最大。另外,从图中可知,人群摇摆激励作用下结构主要存在一个主频即受迫振动频率,某些摇摆频率下第三阶频率对结构响应的贡献大于第二阶,也说明第 2 章式(2.14) 模拟摇摆荷载考虑第三阶效应的合理性。

图 3.52

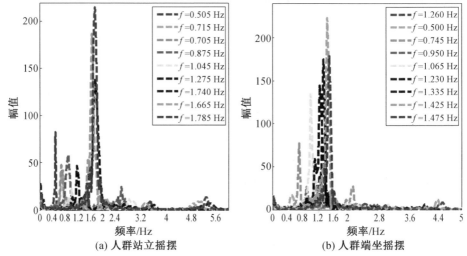

(a) 人群站立摇摆　　　　　(b) 人群端坐摇摆

图3.52　　结构响应频率随人群摇摆频率变化情况

4.突发事件

10人随机运动工况。10名测试者模拟在遇到突发事件(人群奔跑)时,突然随机运动状态下对结构产生的响应。如图 3.53 所示,分别给出了结构立柱应变、侧向位移以及结构侧向加速度,其中最大应变为 320 个微应变,最大位移为 22 mm,最大加速度为 2.04 m/s²,相比于人群进行同步性摇摆所产生的结构响应要小,这种突发情况更多的是引起人群的恐慌心理,由集群效应产生,本章重点关注结构响应,在此不做进一步探索。

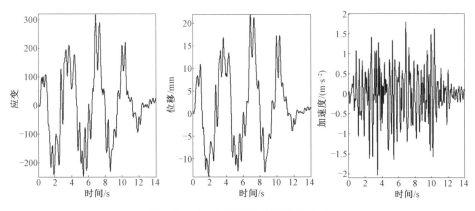

图3.53　10人随机运动下结构响应

3.4.2　结构竖向响应

结构承受人体跳跃和弹跳作用时,结构在竖向和水平向会产生一定的响应。在分析结构响应之前,先研究人群弹跳(跳跃已在第2章中体现)节奏。

1.人群弹跳节奏性

图3.54为人群弹跳试验获得的周期分布,与人群跳跃类似,每次弹跳周期

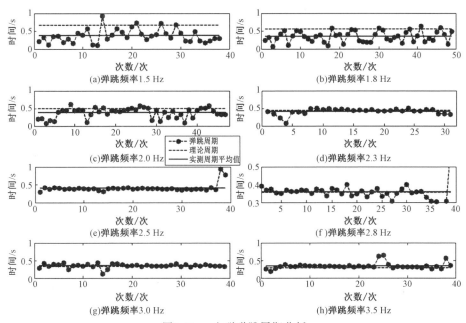

图3.54　人群弹跳周期分析

在一定范围内波动,随着弹跳频率的增加,在 2.3 Hz 及其以上时,实测周期平均值更接近理论周期,并且数据波动性降低,表明人群弹跳在该频率段内具有良好的协同性。

定量分析人群弹跳实测周期值所形成的数组标准差、平均值见表3.6。当激励频率为 1.5 ~ 2.0 Hz 内,人群自身弹跳形成的平均频率均高于激励值,在 2.6 Hz 以上,周期标准差均大于 10%;当激励频率为 2.3 ~ 2.8 Hz,人群弹跳平均频率值非常接近理论值,周期标准差降低,其中人群2.8 Hz 的弹跳结果最低,为 5%;当激励频率为 3.0 ~ 3.5 Hz,人群弹跳平均频率值仍低于 3.0 Hz,说明人群很难在高于 3.0 Hz 下完成弹跳试验,周期标准差低于 10%,表明人群具有良好的节奏同步和稳定性。

表3.6 人群弹跳工况实测数据标准差、平均值

人群跳跃或弹跳频率 /Hz	弹跳周期平均值 /s	弹跳周期标准差	人群实测弹跳频率 /Hz	理论周期 /s
1.5	0.372	0.19	2.68	0.667
1.8	0.344	0.15	2.91	0.556
2.0	0.376	0.14	2.66	0.500
2.3	0.414	0.09	2.42	0.435
2.5	0.410	0.11	2.44	0.400
2.8	0.360	0.05	2.78	0.357
3.0	0.351	0.06	2.85	0.333
3.5	0.341	0.09	2.93	0.286

2.结构竖向响应

人群跳跃荷载是典型的竖向荷载,临时看台竖向变形和竖向应力最大处可能出现在与人群直接接触的走道板区域。本节主要分析结构侧向位移及立柱应变,并以测点 L9 和 S25 的数据为例。

图 3.55(a) 所示为不同跳跃工况所引起的结构测点 L9 的位移,位移最大值不超过 5 mm,远低于摇摆试验的 57 mm。图 3.55(b) 所示为立柱测点 S25 最大的应变,由于力的传递路径造成结构立柱出现拉应变和压应变,曲线形状不同于跳跃荷载曲线具有零荷载阶段,最大应变值为 125 个微应变,明显小于摇摆试验结果。

相比跳跃工况,人群弹跳产生的结构响应要小,图 3.56 所示为 L9 和 S25 的测量值,虽然不同激励频率下结构的响应幅值有所不同,但是曲线形状类似,最

大位移值未超过 5 mm,应变最大值为 100 个微应变。将图 3.55(b) 和图 3.56(b)
的时程曲线进行频域分析,结果如图 3.57 所示。其中,图 3.57(a) 为人群跳跃所
引起的结构侧向频率,随着人群跳跃频率的改变,结构响应频率具有一定波动
性,最大幅值对应的频率基本在 2.0 ~ 2.6 Hz,随人群跳跃频率的增加,结构响
应频率相应增加。虽然前 3 个工况出现多个幅值,但是幅值对应的频率并非呈
倍数关系,结构响应主要体现一个频率。人群弹跳引起的结构响应频率也出现
多个幅值,在低频激励下,结构会出现高阶频率,如弹跳频率为 1.5 Hz 工况,第
一阶频率为 1.4 Hz,等同幅值对应的高阶频率为 2.8 Hz,随着人群弹跳激励频率
的增加,结构出现多个响应频率,激励频率为 2.0 ~ 3.0 Hz,结构响应频率趋于
一个,当激励频率在 3.5 Hz 时,结构响应主频出现两个,第一基频为 1.56 Hz,二
阶频率为 3.12 Hz,表明人群能够引起结构低阶响应。

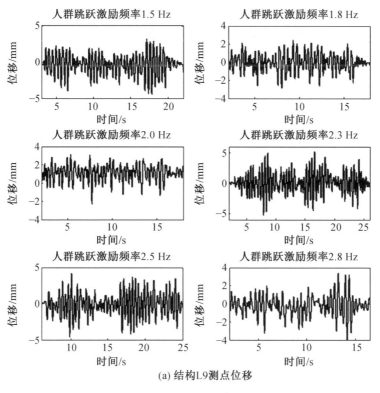

(a) 结构L9测点位移

图3.55　人群跳跃产生的结构响应

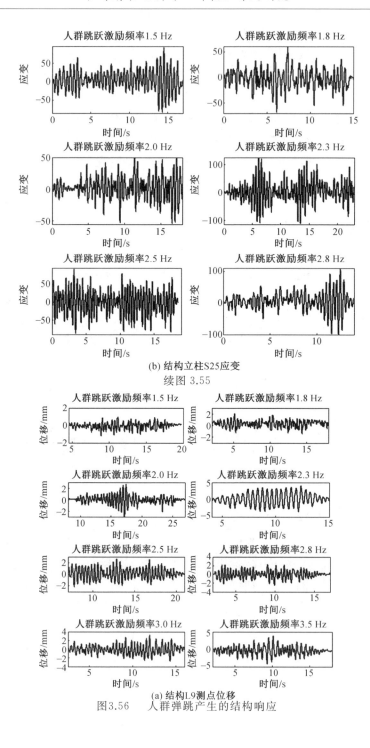

(b) 结构立柱S25应变

续图 3.55

(a) 结构L9测点位移

图3.56 人群弹跳产生的结构响应

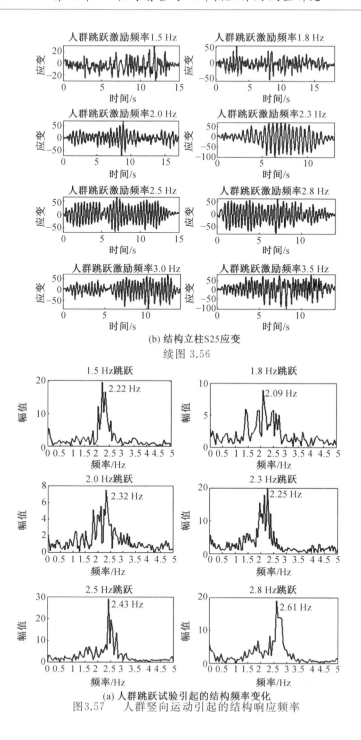

(b) 结构立柱S25应变

续图 3.56

(a) 人群跳跃试验引起的结构频率变化

图3.57　人群竖向运动引起的结构响应频率

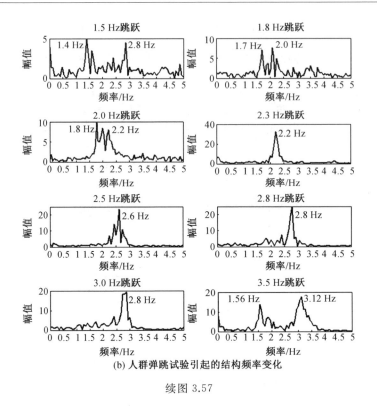

(b) 人群弹跳试验引起的结构频率变化

续图 3.57

3.5　本章小结

对特定可拆卸承插式节点组成的 20 人容量的临时看台,通过外部侧向激励及人群自激振动试验,分析人群与结构相互作用试验数据,得到如下结论:

(1) 临时看台在一定随机波作用下,结构响应呈现线性特征,并体现单自由度的动力性能,座椅区结构频率为 $2.5 \sim 3.5$ Hz,该频段符合已有实测地大尺度和大容量临时看台体现的频率。

(2) 静态人群可使结构阻尼比从 7.3% 增加至 48.2%,使结构频率从 3.5 Hz 降低至 1.6 Hz,端坐人群对临时看台结构阻尼和频率的影响大于站立人群。

(3) 端坐人群频率在 $1.5 \sim 2.7$ Hz 之间,阻尼比为 0.5,质量比在 $0.7 \sim 1.0$ 之间;站立人群频率在 $1.3 \sim 1.6$ Hz 之间,质量比为 0.7,阻尼比在 $0.3 \sim 0.5$ 之间,静态人群体现的侧向动力性能参数明显不同于已有研究人体竖向动力性能的参数。

（4）人群自激运动可使该结构出现明显的侧向响应,最大位移为 57 mm,人群自激频率接近结构频率时,造成结构出现近似共振现象,人群自激摇摆频率不超过 1.8 Hz,人群自激跳跃频率不超过 2.8 Hz。

第4章　人群与临时看台模型参数分析

4.1　概　　述

临时看台在使用过程中,结构上会出现不同的人群状态(静态和动态人群);分析临时看台受到人群作用时,人群模型参数如质量、频率和阻尼等会发生变化,反之不同的临时看台结构参数也有所不同。在合理的结构参数范围内,不同人群参数所引起的结构响应变化规律,确定结构出现最大响应所对应的人群和结构参数,是本章研究的内容。

4.2　人群与结构三自由度模型

首先以第2章研究的人群摇摆和跳跃荷载分别作为模型水平和竖向激励,其次以第3章获得的结构和静态人群动力参数,给出结构和人群动力参数的合理范围值,之后计算不同参数组合的人群与临时看台相互作用模型,最后以结构加速度为分析对象,确定参数变化对结构响应的影响程度及变化规律。

根据第3章静态人体与临时看台相互作用试验结果,验证了静态人群和结构可分别简化为单自由度计算体系的合理性,结合动态人群不仅可以提供荷载而且可作为单自由度体系,由此提出了三自由度的人群与临时看台相互作用模型。以 m_3、f_3 和 ζ_3 表示静态人群模型质量、第一阶频率和第一阶阻尼比,以 m_2、f_2 和 ζ_2 表示动态人群相关参数,以 m_1 表示模型结构有效质量,f_1 和 ζ_1 表示人与结构相互作用有效区域的结构频率和阻尼比,则以参数表示的人群与结构相互作用三自由度简化计算模型如图4.1所示,其中模型中的结构是指与人群直接接触的临时看台座椅结构区域,根据人群跳跃和摇摆的作用点空间变化情况,一般认为平面变量,即作用点相同,故模型中假定人群为集中质量单点系统,并非空间多点,将模型中的结构振型 Φ 简化为 1,不再体现 Φ 的影响。

模型中位移 x 箭头方向取正号,弹性力和阻尼力作用在相反的方向,x_1、x_2 和 x_3 分别为结构、动态人群和静态人群的水平位移。对于每个质量-阻尼-弹簧体系,牛顿第二定律给出各质量遵循的力学关系,即

静态人群模型质量 m_3:

$$-c_3(\dot{x}_3 - \dot{x}_1) - k_3(x_3 - x_1) = m_3\ddot{x}_3 \qquad (4.1\text{ a})$$

动态人群模型质量 m_2:

$$-c_2(\dot{x}_2 - \dot{x}_1) - k_2(x_2 - x_1) = m_2\ddot{x}_2 + F(t) \qquad (4.1\text{ b})$$

结构模型质量 m_1:

$$-c_1\dot{x}_1 - k_1 x_1 = m_3\ddot{x}_3 + m_2\ddot{x}_2 + m_1\ddot{x}_1 \qquad (4.1\text{ c})$$

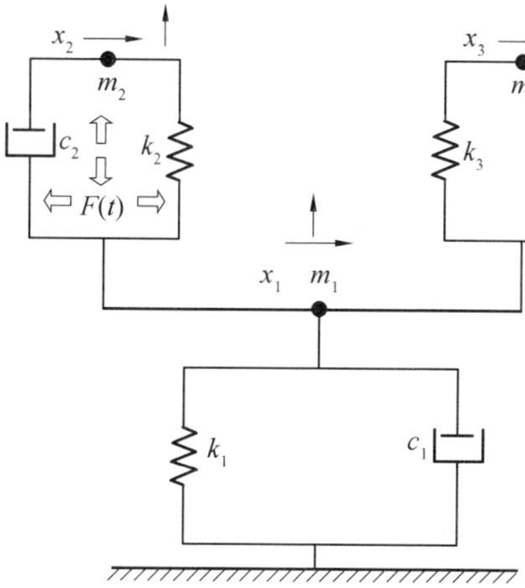

图4.1　人群与临时看台相互作用模型等效三自由度体系

将式(4.1a)和式(4.1b)带入式(4.1c)中,并以矩阵形式表示为

$$\begin{bmatrix} m_1 & 0 & 0 \\ 0 & m_2 & 0 \\ 0 & 0 & m_3 \end{bmatrix} \begin{bmatrix} \ddot{x}_1 \\ \ddot{x}_2 \\ \ddot{x}_3 \end{bmatrix} + \begin{bmatrix} c_1 + c_2 + c_3 & -c_2 & -c_3 \\ -c_2 & c_2 & 0 \\ -c_3 & 0 & c_3 \end{bmatrix} \begin{bmatrix} \dot{x}_1 \\ \dot{x}_2 \\ \dot{x}_3 \end{bmatrix} +$$

$$\begin{bmatrix} k_1+k_2+k_3 & -k_2 & -k_3 \\ -k_2 & k_2 & 0 \\ -k_3 & 0 & k_3 \end{bmatrix} \begin{bmatrix} x_1 \\ x_2 \\ x_3 \end{bmatrix} =$$

$$\begin{bmatrix} F(t) \\ -F(t) \\ 0 \end{bmatrix}$$

$$\boldsymbol{M}_{3\times3} \ddot{\boldsymbol{X}}_{3\times1} + \boldsymbol{C}_{3\times3} \dot{\boldsymbol{X}}_{3\times1} + \boldsymbol{K}_{3\times3} \boldsymbol{X}_{3\times1} = \boldsymbol{F}_{3\times1} \tag{4.2}$$

其中,阻尼 $c_i=4m_i f_i \zeta_i \pi$,刚度 $k_i=4m_i f_i^2 \pi^2$,$(i=1,2,3)$。

因为临时看台在使用过程中,结构上动态人群数量与静态人群数量会发生变化,所以考虑两者模型质量 m_2 和 m_3 的变化,并以 $m_3=\alpha m_2$ 表示,其中 $\alpha=0$ 表示人群全部为动态人群,α 趋于 $+\infty$ 表示人群全部为静态人群,结构处于静止状态。假定结构模型质量与动态人群模型质量存在 $m_1=\beta m_2$ 的关系。对于动态人群,特别是摇摆人群在运动过程中一直与结构接触,可以给结构提供一定的频率和阻尼效应。根据表 1.2 的人体动力参数,结合第 3 章获得的静态人群动力参数以及动态人群引起的结构响应频域分析,考虑动态人群频率 f_2 在 1.5 ～ 3.3 Hz 变化、阻尼比 ζ_2 在 0.20 ～ 0.25 变化;静态人群频率 f_3 在 1.4 ～ 2.8 Hz(侧向振动)、2.0 ～ 5.0 Hz(竖向振动)变化以及阻尼比 ζ_3 在 0.3 ～ 0.5 变化;结构侧向频率 f_1 在 1.0 ～ 5.0 Hz 以及阻尼比 ζ_1 在 0.020 ～ 0.073 变化,竖向频率 f_1 在 5.6 ～ 8.4 Hz 以及阻尼比 ζ_1 在 0.02 ～ 0.05 变化。

式(4.2)中的质量矩阵 $\boldsymbol{M}$ 可以用以上参数表示为

$$\boldsymbol{M} = \begin{bmatrix} m_1 & 0 & 0 \\ 0 & m_2 & 0 \\ 0 & 0 & m_3 \end{bmatrix} = m_2 \begin{bmatrix} \beta & 0 & 0 \\ 0 & 1 & 0 \\ 0 & 0 & \alpha \end{bmatrix} \tag{4.3 a}$$

根据第 3 章研究的人群有效模型质量与结构有效模型质量比,结构质量 m_1 与人群质量 m_2 和 m_3 之间存在一定的关系,即 $m_2+m_3 \leqslant 3m_1$ 的定量关系,则 $m_2+\alpha m_2 \leqslant 3\beta m_2$,即 $1+\alpha \leqslant 3\beta$。

阻尼矩阵 $\boldsymbol{C}$ 为

$$C = \begin{bmatrix} c_1 + c_2 + c_3 & -c_2 & -c_3 \\ -c_2 & c_2 & 0 \\ -c_3 & 0 & c_3 \end{bmatrix}$$

$$= 4\pi m_2 \begin{bmatrix} \beta f_1 \zeta_1 + f_2 \zeta_2 + \alpha f_3 \zeta_3 & -f_2 \zeta_2 & -\alpha f_3 \zeta_3 \\ -f_2 \zeta_2 & f_2 \zeta_2 & 0 \\ -\alpha f_3 \zeta_3 & 0 & \alpha f_3 \zeta_3 \end{bmatrix} \tag{4.3 b}$$

刚度矩阵 K 为

$$K = \begin{bmatrix} k_1 + k_2 + k_3 & -k_2 & -k_3 \\ -k_2 & k_2 & 0 \\ -k_3 & 0 & k_3 \end{bmatrix}$$

$$= 4\pi^2 m_2 \begin{bmatrix} \beta f_1^2 + f_2^2 + \alpha f_3^2 & -f_2^2 & -\alpha f_3^2 \\ -f_2^2 & f_2^2 & 0 \\ -\alpha f_3^2 & 0 & \alpha f_3^2 \end{bmatrix} \tag{4.3 c}$$

采用状态空间法将式(4.2)动力学微分方程转化为状态方程,定义系统位移和位移作为状态向量的分量,即状态向量为

$$Z(t) = \begin{bmatrix} z_1 & z_2 & z_3 & z_4 & z_5 & z_6 \end{bmatrix}^T = \begin{bmatrix} x_1 & x_2 & x_3 & \dot{x}_1 & \dot{x}_2 & \dot{x}_3 \end{bmatrix}^T \tag{4.4}$$

系统初始处于静止状态,则状态方程和输出方程为

$$\begin{cases} \dot{Z}(t) = AZ(t) + BF \\ y(t) = EZ(t) + DF \end{cases} \tag{4.5}$$

其中,传递空间矩阵 $A = \begin{bmatrix} 0_3 & I_3 \\ -M^{-1}K & -M^{-1}C \end{bmatrix}_{6\times6}$,输入系数矩阵 $B = \begin{bmatrix} 0_{3\times3} \\ M^{-1} \end{bmatrix}_{6\times3}$,

输出矩阵 $E = \begin{bmatrix} I_{3\times3} & 0_{3\times3} \end{bmatrix}_{3\times6}$,直接传输矩阵 $D = \begin{bmatrix} 0 \end{bmatrix}_{3\times3}$。

4.3　人群参数分析

不同的人群参数在很大程度上影响结构的响应,而人群参数主要包括 8 个:摇摆荷载,跳跃荷载,静、动态人群模型频率,静、动态人群模型质量,静、动态人群模型阻尼。为了分析人群参数对结构响应的影响,先以第 3 章试验用的临时

看台参数为模型结构的动力参数,其中结构侧向频率 $f_1 = 2.7$ Hz、阻尼比 $\zeta_1 = 7.3\%$,而竖向频率 f_1 暂假定 7.2 Hz、阻尼比 $\zeta_1 = 3.5\%$,且 $\beta = 1.0$,在此前提下进行人群参数分析。

4.3.1　摇摆激励时人群参数变量的结构响应

设定人群摇摆频率 f 值在 $1.0 \sim 1.8$ Hz(0.1 Hz 递增)之间取值,荷载按式(2.14)且以加号形式计算,则有 9 条人群摇摆荷载曲线,式中的 H_p 取 $0.25 m_2 g$,d 值按表 2.9 取值,f 为人群摇摆荷载频率,则计算式为

$$F(t) = \frac{0.5 m_2 g}{\pi} \left[\sin(d\pi)\sin(2\pi ft) - \sin(3d\pi)\sin(6\pi ft) \right] \quad (4.6)$$

为了确保荷载只受频率影响,一是假定人群在各频率下每次摇摆都具有理想的同步性,模拟结构承受人群摇摆荷载的最不利状态;二是认为各频率产生的摇摆曲线峰值相同。考虑摇摆时间 20 s,由式(4.6)生成的 9 条曲线如图 4.2 所示,曲线峰值为 $0.2 m_2 g$(N)。在模型计算时输入时间 25 s,后 5 s 以显示模型衰减过程。

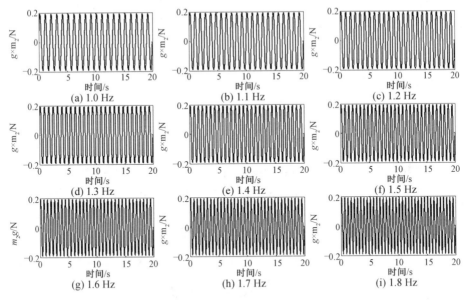

图4.2　9个摇摆频率的人群荷载模拟曲线

1.动态人群参数变化

分析动态人群参数对结构响应的影响时,需假定静态人群参数为一常量,根据第 3 章研究的结果,先设 $f_3 = 2.0$ Hz、$\zeta_3 = 0.4$。考虑看台使用阶段存在静、动

态人群情况,α 最小取值设为 0.2,然后取 0.8、1.4 和 2.0 作为动态人群质量占总人群质量的降低现象。而对于动态人群参数,f_2 在 1.5～3.3 Hz 按 0.3 Hz 递增形成 7 个频率值,ζ_2 在 0.20～0.25 形成 0.200、0.225 和 0.250 共 3 个阻尼比。将这些参数带入式(4.3)中,可以得出仅以变量 m_2 表示的质量矩阵、阻尼矩阵和刚度矩阵。

根据 9 种荷载工况、4 种 α 值、3 种 ζ_2 值以及 7 种 f_2 值,可以形成 756 种耦合模型,用 MATLAB 软件编程(附录 2)计算各参数组合的模型。图 4.3 为 $\alpha =$ 2.0、$f_2 =$ 3.3 Hz、$\zeta_2 =$ 0.25 和 $f =$ 1.8 Hz 的模型结构、动态人群和静态人群加速度曲线。对比曲线峰值可知,虽然后两者大于前者,但是在实际应用时更关注结构的响应。另外,理论计算的结构加速度曲线形式类似于实测的人群摇摆试验获得的结构响应,表明了模型的合理性。

分别提取 756 条结构加速度曲线的峰值、均方根(RMS)值和振动剂量(VDV)值,列于图 4.4 中。图中横坐标为摇摆频率 f,纵坐标为加速度 3 种形式:峰值、RMS 值和 VDV,每个小图中 7 条曲线分别对应 7 个 f_2 值的模型结果。对比图 4.4(a)～(c)中同一参数的曲线图,发现相应的曲线变化规律均相同。由此,考虑到第 3 章和第 5 章均主要以 VDV 作为分析对象,本章将优先以 VDV 作为结构响应变化的量化值。

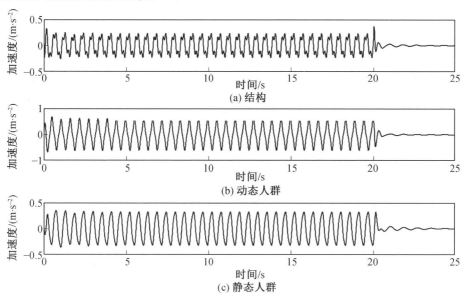

图4.3　摇摆作用下模型加速度响应

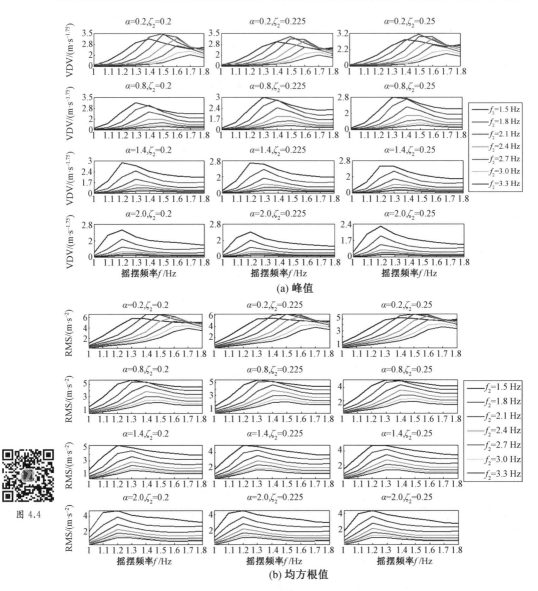

图4.4

(a) 峰值

(b) 均方根值

图4.4　以振动剂量值、均方根值和峰值作为结构响应的模型结果

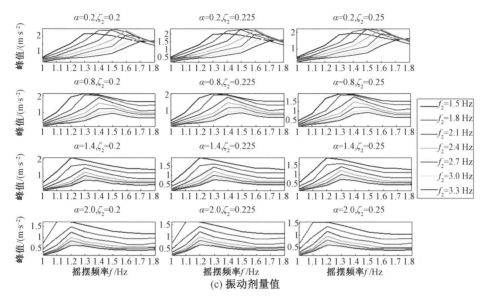

续图 4.4

图 4.4(c) 中每行 3 个图分别代表 α 值相同而 $\zeta_2 = 0.200$、0.225 和 0.250 的模型结果，每列 4 个图分别代表 ζ_2 值相同而 $\alpha = 0.2$、0.8、1.4 和 2.0 的模型结果。定性分析这些曲线的变化趋势，具有以下规律：① 随 f 值的变大，各曲线先升后降至平缓；② 各曲线只有一个峰值，且峰值对应的 f 值随 f_2 值的增大相应地变大；③α、ζ_2 以及 f_2 值越大结构响应越小。

为进一步确定动态人群参数变化对结构响应的影响，首先将图 4.4(c) 中每个小图的 7 条曲线峰值与对应的 f_2 值的关系作图形成一条曲线，则共有 12 条曲线，如图 4.5(a) 所示，图中曲线反映以下变化规律：① 同一 α 值下 ζ_2 值越大结构响应越小；②$\alpha = 0.2$ 的曲线先升后降，而 $\alpha \geqslant 0.8$ 的曲线直接降低，可见不同 α 值造成结构 VDV 随 f_2 的增大或先增大或直接降低，并且峰值对应的 f_2 值也不同。为此又计算了 $\alpha = 0.3 \sim 0.7$ 的模型，并以 $\zeta_2 = 0.2$ 的结果为例，如图 4.5(b) 所示，表明 $\alpha \leqslant 0.6$ 的曲线仍是先升后降，峰值在 $f_2 = 1.8$ Hz 处，而 $\alpha > 0.6$ 之后的曲线直接降低，峰值在 $f_2 = 1.5$ Hz 处。两个图的曲线都表明结构响应随 α 值的变大而降低。

定量分析变量参数对结构响应的影响，图 4.6 所示为图 4.4(c) 中每个图的最大值（图 4.5(a) 中每条曲线的最大值）与各变量参数的关系曲线。4 条曲线表明结构响应随 ζ_2 的线性增加呈线性降低，其中降低幅度 $\alpha = 0.2$ 时为 19%；$\alpha = 0.8$ 时为 21%；$\alpha = 1.4$ 和 $\alpha = 2.0$ 时分别为 21% 和 15%。

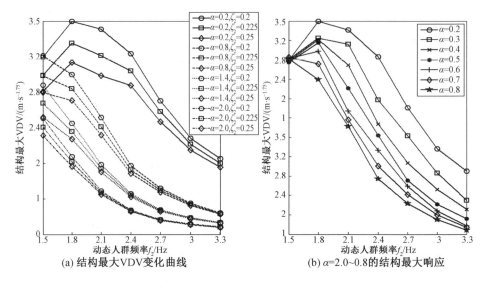

(a) 结构最大VDV变化曲线　　　(b) α=2.0~0.8的结构最大响应

图4.5　动态人群参数对结构响应的影响

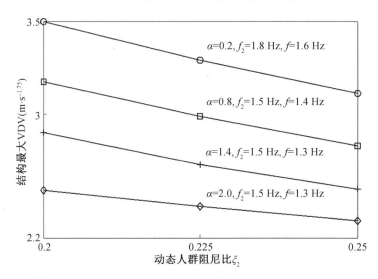

图4.6　ζ₂值对结构响应的影响

同样给出了 α 和 ζ_2 的变化在不同 f_2 值时结构 VDV 降低的最大程度,见表 4.1。表中数据显示,静态人群质量增加 10 倍,结构最大 VDV 降低可达 90%(3.3 Hz 处);而增加 25% 的 ζ_2 值,结构最大 VDV 降低 23%(2.1 Hz 处)。 另外,考虑 f_2 值变化对结构响应的影响,α = 0.2 时增加 f_2 值结构响应降低 65% ~ 62%,α = 0.8 时结构响应降低 88% ~ 86%,α = 1.4 时结构响应降低

$92\% \sim 90\%$，$\alpha = 2.0$ 时结构响应降低 $94\% \sim 92\%$。

表4.1　动态人群变量参数对结构最大响应的数值变化

参数	降低程度 /%						
	1.5 Hz	1.8 Hz	2.1 Hz	2.4 Hz	2.7 Hz	3.3 Hz	3.3 Hz
$\alpha(0.2 \sim 2.0)$	34	64	79	87	89	89	90
$\zeta_2(0.20 \sim 0.25)$	22	19	23	18	16	12	11

除此之外，图 4.4 中曲线表明峰值对应的摇摆频率不尽相同，为此曲线峰值对应的 f 值见表 4.2。

表4.2　结构产生最大响应时的摇摆频率　　　　　　　　Hz

f/Hz	动态人群频率 f_2						
	1.5	1.8	2.1	2.4	2.7	3.0	3.3
1.0							
1.1							
1.2	⑦~⑫	⑩~⑫	⑩~⑫	⑩~⑫	⑫		
1.3	④~⑥	⑦~⑨	⑦~⑨	⑦~⑨	⑦~⑪	⑦~⑫	⑦~⑫
1.4	①~③	④~⑥	④~⑥	④~⑥	④~⑥		
1.5		①~③	①~③			④~⑥	④~⑥
1.6			①~③	①~③			
1.7						①~③	①~③
1.8							

注：表中数字 ① ～ ⑫ 分别代表参数组合：① — $\alpha = 0.2$，$\zeta_2 = 0.2$；② — $\alpha = 0.2$，$\zeta_2 = 0.225$；③ — $\alpha = 0.2$，$\zeta_2 = 0.25$；④ — $\alpha = 0.8$，$\zeta_2 = 0.2$；⑤ — $\alpha = 0.8$，$\zeta_2 = 0.225$；⑥ — $\alpha = 0.8$，$\zeta_2 = 0.25$；⑦ — $\alpha = 1.4$，$\zeta_2 = 0.2$；⑧ — $\alpha = 1.4$，$\zeta_2 = 0.225$；⑨ — $\alpha = 1.4$，$\zeta_2 = 0.25$；⑩ — $\alpha = 2.0$，$\zeta_2 = 0.2$；⑪ — $\alpha = 2.0$，$\zeta_2 = 0.225$；⑫ — $\alpha = 2.0$，$\zeta_2 = 0.25$。

从表中数字走向可知：① 相同 f_2 值下，参数 α 越小，能够使结构产生较大响应的 f 值越大；② 随 f_2 值的增加，能够使结构产生较大响应的摇摆频率逐渐变大，从 $f_2 = 1.5$ Hz 时 $f = 1.4$ Hz 到 $f_2 = 3.3$ Hz 时 $f = 1.7$ Hz。表明 f 值在 $1.2 \sim 1.7$ Hz 变化，其中主要集中在 1.2 Hz、1.3 Hz 和 1.4 Hz 处。

2.静态人群参数变化

以 $f_3 = 2.0$ Hz、$\zeta_3 = 0.4$ 为前提，图 4.5(a) 曲线表明因参数 α 不同，结构可能在 $f_2 = 1.5$ Hz、$\zeta_2 = 0.2$ 或 $f_2 = 1.8$ Hz、$\zeta_2 = 0.2$ 时 VDV 最大。为了分析静态人群侧向人体参数变化对结构响应的影响，设定 f_3 在 $1.4 \sim 2.8$ Hz 并按 0.2 Hz 间隔取值（共计 8 个），ζ_3 在 $0.3 \sim 0.5$ 并按 0.1 间隔取值（共计 3 个），参数 α 仍设

为 0.2、0.8、1.4 和 2.0,则可组成 864 个耦合模型参数组合。

　　首先以 $f_2 = 1.5$ Hz、$\zeta_2 = 0.2$ 的模型为例,其中模型 $f_3 = 2.8$ Hz、$\zeta_3 = 0.5$、$\alpha = 2.0$ 和 $f = 1.8$ Hz 的结构加速度曲线如图 4.7(a) 所示,曲线形式仍与实测结构曲线相似。与图 4.4 类似,获得所有模型结构的 VDV 与动态人群参数变化的关系曲线,如图 4.7(b) 所示,曲线变化趋势:① 随着 f 值的变大,曲线先升后降至平缓,且存在唯一峰值;② f_3 值越大结构响应越大;③ 曲线峰值对应的 f 值随 α 的增大而变小。为了确定加速度另外两种形式的曲线变化规律是否与上述现象一致,给出了图 4.7(b) 中最右下角图的 RMS 值和峰值曲线,如图 4.7(c) 所示,与 VDV 曲线对比,除了数值大小不同,各对应的曲线变化规律基本相同,特别是以 RMS 为代表的曲线,变化规律与其相同。由此进一步表明,采用 VDV 分析静态人群参数对结构响应的变化规律是合理的。

　　图 4.7(b) 每条曲线峰值与 f_3 值的关系曲线如图 4.8 所示,图中曲线具有以下变化规律:① 随着 f_3 值的增大结构响应增大,至 $f_3 = 2.8$ Hz 时达最大值;② 同一 α 值的曲线,出现了 ζ_3 越大结构响应越大的现象,只有当 f_3 大于某一值,如 $\alpha = 0.2$ 时 $f_3 \geqslant 1.8$ Hz,$\alpha = 0.8$ 和 1.4 时 $f_3 \geqslant 1.7$ Hz,$\alpha = 2.0$ 时 $f_3 \geqslant 2.0$ Hz 后,ζ_3 越大结构响应才越小。另外,出现了 $\alpha > 0.2$ 的模型结构响应比 $\alpha = 0.2$ 的模型结果大的现象,例如 $\alpha = 0.8$ 时结构响应明显大于其他情况。

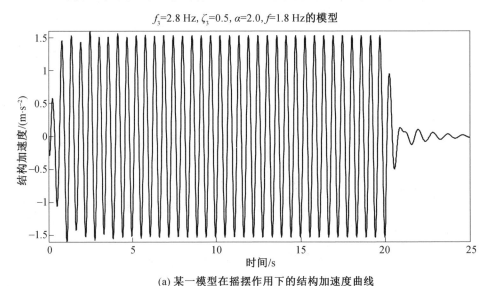

(a) 某一模型在摇摆作用下的结构加速度曲线

图4.7　不同静态人群参数的结构响应

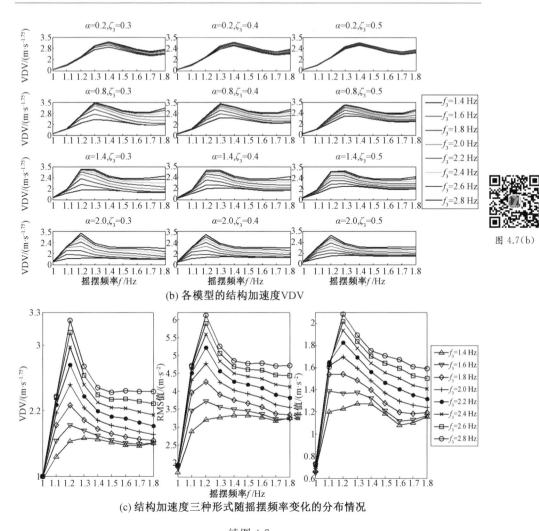

(b) 各模型的结构加速度VDV

(c) 结构加速度三种形式随摇摆频率变化的分布情况

续图 4.7

从图 4.8 的曲线变化情况可以得出,并非 α 值越小结构 VDV 越大。为此,计算了其他 α 值的情况,其中 $\zeta_3 = 0.3$ 和 $\zeta_3 = 0.5$ 模型结果分别如图 4.9 所示,横坐标为 α,每条曲线代表一个 f_3 值的结构最大 VDV 变化情况,各曲线表明当 $f_3 \leqslant 1.8$ Hz 时 $\alpha = 0.2$ 的结构 VDV 最大,$f_3 = 2.0 \sim 2.4$ Hz 时 $\alpha = 0.8$ 的结构 VDV 最大,$f_3 = 2.6 \sim 2.8$ Hz 时 $\alpha = 1.0$ 的结构 VDV 最大。

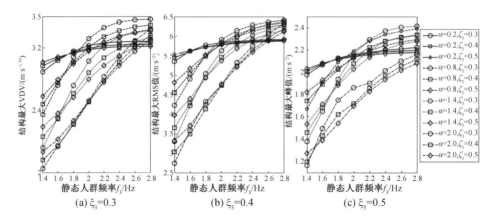

图4.8 以最大 VDV、RMS 和峰值表示的静态人群参数对结构响应的影响

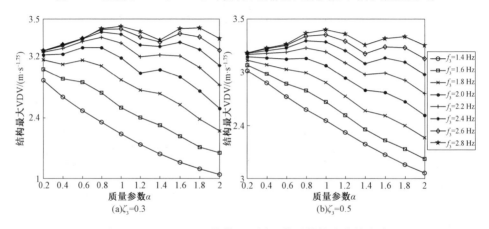

图4.9 $f_2=1.5$ Hz 的模型不同 α 值对结构响应的影响

采用相同的作图方法,整理了其他 f_2 值的模型结果,并以 $\zeta_3=0.3$ 的结果曲线为例,如图 4.10 所示。图中共计 6 个小图,分别代表 f_2 在 $1.8\sim 3.3$ Hz 的模型,对比图 4.9 的曲线走向趋势,发现随着 f_2 值的变大,曲线变化趋势逐渐变成随 α 值的变大而降低。不仅如此,比较各曲线值的大小,得出 f_2 值越小、f_3 值越大的模型结构 VDV 越大。$\zeta_3=0.5$ 的结果曲线如图 4.11 所示,图中曲线变化趋势及由参数变化引起的结构 VDV 变化规律,与图 4.10 基本相同。最后,计算以上动态人群参数模型下静态人群参数变化对结构响应的降低(增加)程度,表4.3 给出了 α 和 ζ_3 变化所引起的结构 VDV 变化的最大情况,其中负值表示结构响应为增大的现象,数据表明 α 值对结构响应的影响程度大于 ζ_3 值的情况,ζ_3 值

增大反而增加结构的响应。与此同时考虑 f_3 值在 $1.4 \sim 2.8$ Hz 时结构响应的增大情况,平均增加了 3.8 倍。

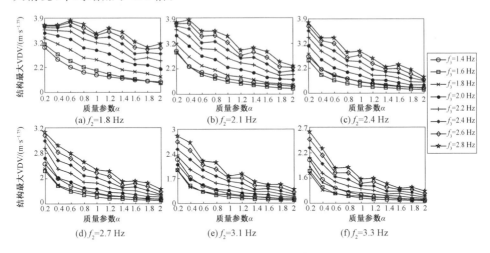

图4.10　$\zeta_3 = 0.3$ 时其他 f_2 值的结果

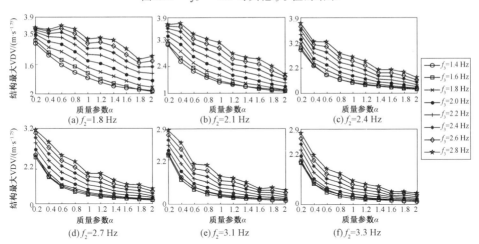

图4.11　$\zeta_3 = 0.5$ 时其他 f_2 值的结果

整理模型结构最大 VDV 对应的 f 值,见表4.4,表中括号内的数字代表 $\zeta_3 = 0.3$ 的模型结果,括号外的数字代表 $\zeta_3 = 0.5$ 的模型结果。由数字分布可知,随 α 值的增大摇摆频率越低结构响应越大,并且 f 主要集中在 $1.2 \sim 1.4$ Hz,该摇摆频率范围与动态人群参数分析的结果相近(表4.1)。

表4.3　静态人群变量参数对结构最大响应的数值变化

参数	降低程度 /%							
	1.4 Hz	1.6 Hz	1.8 Hz	2.0 Hz	2.2 Hz	2.4 Hz	2.6 Hz	2.8 Hz
$\alpha(0.2 \sim 2.0)$	63	60	57	64	61	69	68	70
$\zeta_3(0.3 \sim 0.5)$	−47	−12	−3	26	30	31	30	30

表4.4　3种模型的结构产生最大响应时的摇摆频率

f/Hz	静态人群频率 f_3/Hz							
	1.4	1.6	1.8	2.0	2.2	2.4	2.6	2.8
1.2		⑦⑧ ⑩~⑫ (⑩⑪)	⑦~⑫ (⑩~⑫)	⑦~⑫ (⑩~⑫)	⑦~⑫ (⑩~⑫)	⑦~⑫ (⑩~⑫)	⑦~⑪⑫ (⑩~⑫)	⑦⑪⑫ (⑩~⑫)
1.3	④~⑫	④~⑥⑨ (⑦~⑨)	④~⑥ (⑦~⑨)	④~⑥⑩ (⑦~⑨)	④~⑥⑩ (⑦~⑨)	④~⑥⑩ (⑦~⑨)	④~⑥~⑩ (⑦~⑨)	④~⑩ (⑦~⑨)
1.4	①~③⑩(⑨)	①~③④~⑥	①~③④~⑥	①~③④~⑥	①~③④~⑥	①~③④~⑥	①~③④~⑥	①~③④~⑥
1.5	(①~⑧)	(①~③)	(①~③)	(①~③)	(①~③)	(①~③)	(①~③)	(①~③)
1.8	(⑩~⑫)	(⑫)						

注：①—$\alpha=0.2,\zeta_3=0.3$；②—$\alpha=0.2,\zeta_3=0.4$；③—$\alpha=0.2,\zeta_3=0.5$；④—$\alpha=0.8,\zeta_3=0.3$；⑤—$\alpha=0.8,\zeta_3=0.4$；⑥—$\alpha=0.8,\zeta_3=0.5$；⑦—$\alpha=1.4,\zeta_3=0.3$；⑧—$\alpha=1.4,\zeta_3=0.4$；⑨—$\alpha=1.4,\zeta_3=0.5$；⑩—$\alpha=2.0,\zeta_3=0.3$；⑪—$\alpha=2.0,\zeta_3=0.4$；⑫—$\alpha=2.0,\zeta_3=0.5$。

为了解释出现这种现象的原因，以 $f_2=1.5$ Hz、$\zeta_2=0.2$、$f_3=2.0$ Hz、$\zeta_3=0.3$ 以及 $\alpha=2.0$ 的模型在 $f=1.0$ Hz、1.3 Hz 及 1.8 Hz 的结构响应为例，给出了时域曲线和频域结果，如图4.12所示，图中时程曲线峰值表明在1.3 Hz时结构加速度峰值最大，对应的频域分析可知结构在 1.3 Hz 和 1.8 Hz 摇摆荷载作用下第一阶和第三阶都有贡献，但是1.3 Hz作用下对结构的贡献最大，主要原因或许为耦合模型中结构频率 f_1 值设定为2.7 Hz，激励频率1.3 Hz接近结构频率的1/2，第3阶频率对结构起作用是因为摇摆荷载曲线计算式中考虑了第3阶频率的贡献。

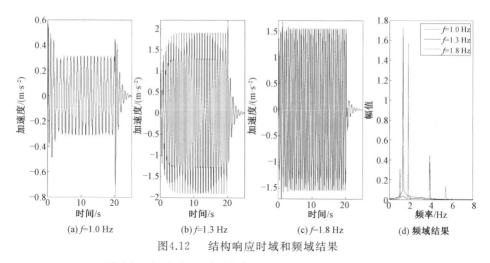

图4.12　结构响应时域和频域结果

4.3.2　跳跃激励时人群参数变量的结构响应

为了降低荷载参数对其他参数分析带来的不确定性,假定人群跳跃产生单波峰荷载曲线形式,采用式(2.11)模拟人群跳跃荷载,其中 k_p 按式(2.7)计算,T_c 和 T_p 按图 2.17(a) 给出的关系式计算,且这 3 个参数在每次循环时均为常值,以模拟跳跃的周期性和同步性。根据以上假定,可得出

$$F(t) = m_2 g \sum k_{pj} \cos^2\left[\frac{\pi}{T_{cj}}\left(t + \frac{T_{cj}}{2}\right)\right] \quad t \in (0, T_{cj}]$$

$$F(t) = 0 \quad t \in (T_{cj}, T_{sj}]$$

$$k_{pj}(f_j) = \overline{k}_{pj}(f_j) + \Delta k_{pj}(f_j)$$

$$T_{cj} = 0.8175 T_{sj} - 0.0892 \quad T_{sj} = \frac{1}{f_j}$$

$$(4.7)$$

式中　　$k_{pj}(f_j)$——模拟人群在跳跃频率为 f_j 时产生的峰值比;

　　　　T_{cj}——模拟人群在跳跃频率为 f_j 时接触时间(s);

　　　　T_{sj}——模拟人群在跳跃频率为 f_j 时周期(s);

　　　　$\overline{k}_{pj}(f_j)$——图 2.15(c) 中实测荷载峰值比样本的数学期望;

　　　　$\Delta k_{pj}(f_j)$——模拟人群在跳跃频率 f_j 时产生的峰值比残差。

　　　　f_j——跳跃频率(Hz),其中 $j = 1 \sim 9, f_1 = 2.0$ Hz, $f_9 = 2.8$ Hz。

　　　　g——重力加速度,取 9.8 m/s²。

设定人群在 $2.0 \sim 2.8$ Hz跳跃并产生 10 s 的荷载,曲线如图 4.13所示,曲线峰值统一设定为 $1.0 m_2 g$(N)。模型输入时间为 15 s,后 5 s 为衰减过程。

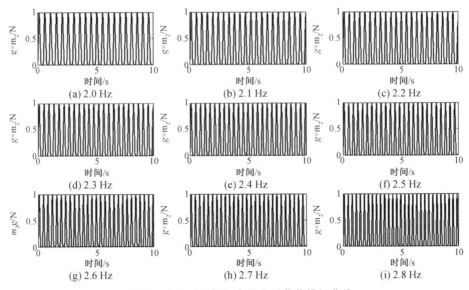

图4.13   9 个跳跃摆频率的人群荷载模拟曲线

1.动态人群参数变化

取结构参数 $f_1 = 7.2$ Hz、$\zeta_1 = 3.5\%$ 和 $\beta = 1.0$，α 取值范围为 $0.2 \sim 2.0$。f_2 仍从 1.5 Hz 按照 0.3 Hz 递增至 3.3 Hz，ζ_2 分别为 0.200、0.225 和 0.250，并且先设 $f_3 = 2.0$ Hz，$\zeta_3 = 0.4$。给定 $\alpha = 0.2$、0.8、1.4 和 2.0，则有 756 个耦合模型参数组合。计算这些模型，图 4.14 所示为 $f_2 = 3.3$ Hz、$f = 2.8$ Hz、$\alpha = 2.0$ 及 $\zeta_2 = 0.25$ 的模型结果，分别为结构、动态人群和静态人群加速度曲线。虽然跳跃荷载为单

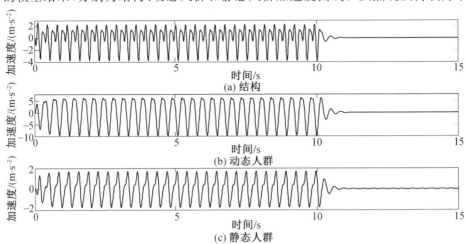

图4.14   跳跃作用下模型加速度响应

向（正向）曲线，但是模型结果显示出现负向数值，与图 3.54(b) 实测的结构在人群跳跃作用下产生的响应曲线类似。

　　各模型结构加速度 VDV 分布情况如图 4.15 所示。图中曲线变化趋势表明，随着 f 值的增加，结构响应呈阶梯式升高，并在 $f=2.8$ Hz 处达最大值。除此之外，采用加速度 RMS 值和峰值表示结构响应变化情况，如以 $\alpha=0.2$、$\zeta_2=0.25$ 的模型结果为例（图 4.15），如图 4.16 所示，以 RMS 值表示的曲线变化规律与 VDV 的曲线类似，更符合阶梯式升高趋势，然而以峰值表示的曲线与前两者不相同，出现多个波峰和波谷，而且在 $f=2.8$ Hz 处峰值反而最小。为了确定出现这种现象的原因，提取了同一模型参数下不同跳跃频率产生的结构加速度曲线，例如以 $\alpha=2.0$、$f_2=3.3$ Hz 和 $\zeta_2=0.25$ 的模型为例，图 4.17 为跳跃频率 2.2 Hz(实线) 和 2.8 Hz(虚线) 的结构加速度曲线，发现在接近 10 s 处 2.2 Hz 曲线峰值大于 2.8 Hz 曲线，但是在其他时间段 2.8 Hz 曲线峰值明显大于 2.2 Hz 曲线，这就说明了采用峰值作为分析对象时 2.8 Hz 对应的曲线峰值最小的原因，同样其他参数模型结果与该图曲线所反映的现象一致。虽然前者曲线峰值大于后者，但是在实际结构振动过程中，2.8 Hz 的曲线对人体产生的振感大于 2.2 Hz 的曲线。由此，仅采用结构响应峰值来分析结构，特别是对于人群振感的研究

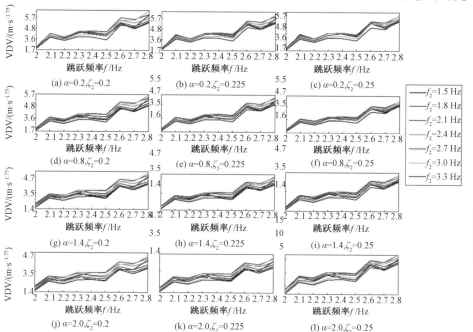

图4.15　各模型结构加速度 VDV 分布情况

（第5章）是不恰当的，这也是提出以加速度 VDV 和 RMS 值作为分析对象的理由。

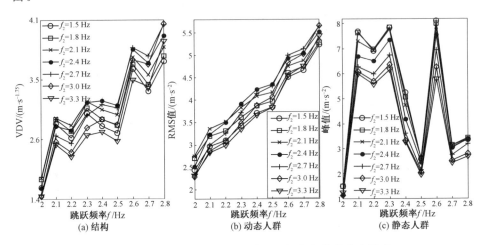

图4.16　　3 种结构加速度形式随跳跃频率变化的分布情况

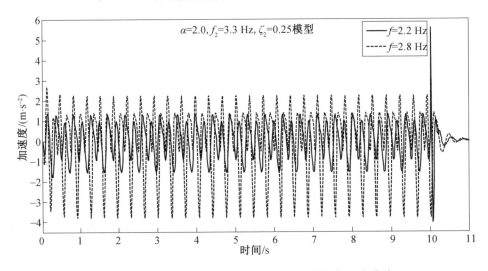

图4.17　　跳跃频率为 2.2 Hz 和 2.8 Hz 的结构加速度曲线

　　分析结构最大 VDV 与动态人群参数的关系曲线，如图 4.18 所示。曲线变化规律为：① 随 α 和 ζ_2 的变大结构响应减小；② 随 f_2 的增大所有曲线先升后下，并且都在 $f_2=3.0$ Hz 处存在峰值。除此之外，为了更具体地显示 α 变化对结构响应的影响，计算了其他 α 值的结果，并整理至图 4.19，该曲线不仅符合图 4.18 变化规律，而且进一步表明结构最大 VDV 随 α 值的变大而降低。上述结果可以确定在 $f_3=2.0$ Hz、$\zeta_3=40\%$ 的前提下，$f_2=3.0$ Hz、$\zeta_2=20\%$ 以及 $f=$

2.8 Hz 的模型结构响应最大。

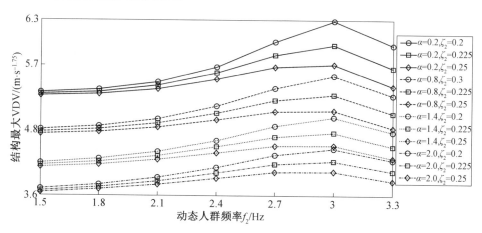

图4.18　跳跃荷载作用下动态人群频率对结构响应的影响

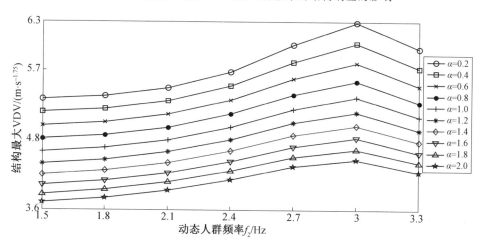

图4.19　不同 α 值的结构响应随动态人群频率变化分布情况

定量分析 α、ζ_2 和 f_2 变化引起的结构响应变化程度,表4.5的数值为各参数对结构响应造成的最大降低程度,增加质量能够降低结构 VDV $52\% \sim 58\%$,增加阻尼比降低结构 VDV $4\% \sim 17\%$。除此之外,增加 f_2 值使结构 VDV 增大 $38\% \sim 58\%$。

表4.5　　动态人群变量参数对结构最大响应的数值变化

参数	降低程度/%						
	1.5 Hz	1.8 Hz	2.1 Hz	2.4 Hz	2.7 Hz	3.3 Hz	3.3 Hz
$\alpha(0.2 \sim 2.0)$	53	52	52	52	55	58	58
$\zeta_2(0.2 \sim 0.25)$	4	5	7	10	14	17	17

2.静态人群参数变化

分析静态人群参数变化对结构响应的影响时，f_3 值取值范围在 2.0 ～ 5.0 Hz(每隔0.5 Hz)共计7个值，ζ_3 分别为 0.3、0.4 和 0.5，α 仍然在 0.2 ～ 2.0 之间取值。

以 $f_2 = 3.0$ Hz、$\zeta_2 = 20\%$ 为动态人群参数，前期给出了 $\alpha = 0.2$、0.8、1.4 和 2.0 的模型结果，其中 $f_3 = 5.0$ Hz、$\zeta_3 = 0.5$、$\alpha = 2.0$ 和跳跃频率为 2.8 Hz 的结构加速度曲线如图 4.20(a) 所示，曲线变化形式与图 4.14 相同。之后整理各模型结构 VDV 与变量参数的关系，如图 4.20(b) 所示，曲线表明随 f 值的变大，结构最大 VDV 呈阶梯式增大，并在 $f = 2.8$ Hz 时达最大。另外，仍用加速度 RMS 值和峰值显示结构响应的变化情况，如以 $\alpha = 2.0$、$\zeta_3 = 0.5$ 的模型结果为例，如图 4.20(c) 所示，其中以 VDV 和 RMS 值的曲线具有相同的变化规律，均呈阶梯式升高，然而以峰值表示的曲线出现多个波峰和波谷，并且 $f = 2.8$ Hz 的峰值并非最大。

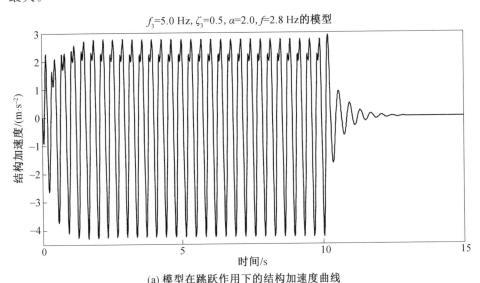

(a) 模型在跳跃作用下的结构加速度曲线

图4.20　静态人群参数变化结构响应的模型结果

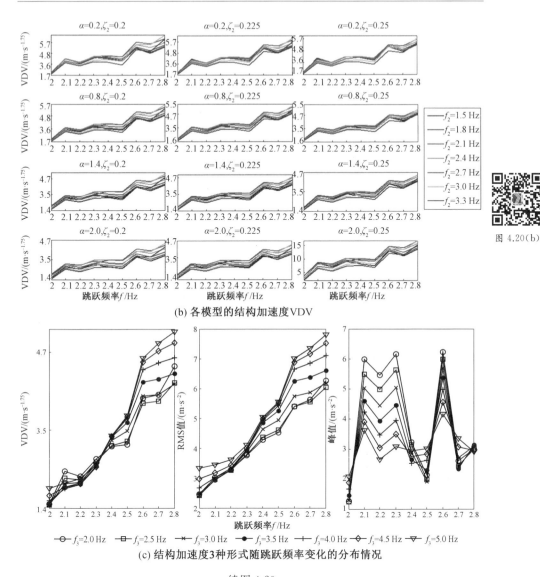

(b) 各模型的结构加速度VDV

(c) 结构加速度3种形式随跳跃频率变化的分布情况

续图 4.20

为了解释出现这种现象的原因,以 $\alpha = 2.0$、$f_3 = 2.0$ Hz 以及 $\zeta_3 = 0.5$ 的模型在跳跃频率为 2.3 Hz 和 2.8 Hz 的结构加速度曲线为例,如图 4.21 所示。其中,实线代表 2.3 Hz 的结果,虚线代表 2.8 Hz 的结果,前者曲线在接近 10 s 处有一个突变峰值大于其他时间段的峰值,虽然该突变峰值大于后者曲线峰值,但是在其他段 2.3 Hz 的曲线峰值明显小于 2.8 Hz 的曲线;频域结果显示,2.8 Hz 的曲线在第一阶和第二阶频率对结构的贡献明显大于 2.3 Hz 的曲线,且第二阶频率对结构的贡献更明显,由此也说明了 2.8 Hz 的曲线峰值大于 2.3 Hz 的曲线。

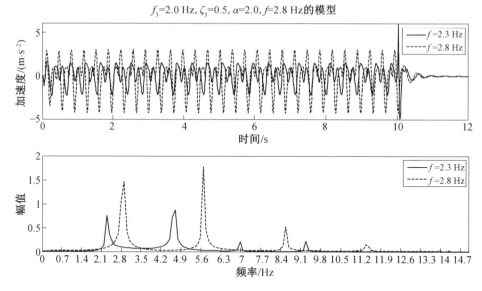

图4.21　跳跃频率为 2.3 Hz 和 2.8 Hz 的结构加速度时程曲线及频域分析

分析结构最大 VDV 与 f_3 值的关系曲线的同时也给出了以 RMS 值和峰值表示的曲线,并作图,如图 4.22 所示,图 4.22(a)、(b) 的曲线表明:不同 α 值的模型结果曲线变化规律并非相同;同一 α 值的结构响应随 ζ_3 的变大反而增大;α 值越大结构响应越小,f_3 在 $2.0 \sim 4.5$ Hz 时该现象较明显;而图 4.22(c) 峰值曲线变化规律表明结构响应随着 ζ_3、f_3 和 α 的增大而降低。以下以 VDV 为分析对象。

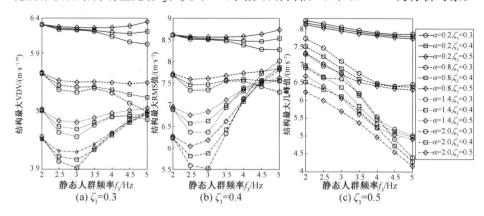

图4.22　3 种加速度形式的静态人群参数对结构响应的影响

　　进一步考虑 $\zeta_3 = 0.3$、0.4 和 0.5，α 在 0.2～2.0 变化时，结构最大 VDV 与 f_3 值的变化关系，如图 4.23 所示，曲线具有不同的变化趋势，如 $\zeta_3 = 0.3$ 和 0.4 的曲线，由单向降低，过渡到先降后升再降的趋势；$\zeta_3 = 0.5$ 的曲线，由缓慢降低后略微上升至平缓，过渡到先降后升的趋势。对比各曲线值，可以确定 α 值越大，结构 VDV 越小，并且在 $\zeta_3 = 0.5$ 的曲线中更加明显。不仅如此，$\zeta_3 = 0.5$ 的曲线值更大一些，且 $f_3 = 5.0$ Hz、$\zeta_3 = 0.5$ 和 $\alpha = 0.2$ 时，最大 VDV 为 6.35 m/s$^{1.75}$。

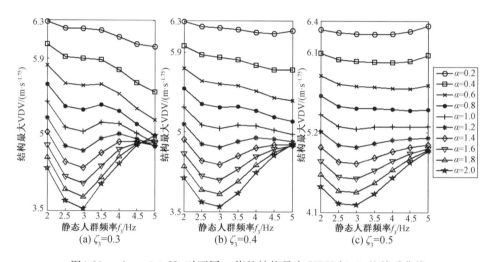

图4.23　$f_2 = 3.0$ Hz 时不同 α 值的结构最大 VDV 与 f_3 的关系曲线

　　不失一般性，分别计算并整理其他 6 个 f_2 值、$\zeta_3 = 0.3$ 和 0.5 的模型结果，分别如图 4.24(a)、(b) 所示。图 4.24(a) 曲线与图 4.23(a) 对比，当 f_2 值较小时，曲线随 f_3 值的增大几乎均呈下降趋势，只有当 f_2 值较大时，如 f_2 值大于 2.4 Hz 后，随 α 值的变大，曲线出现了先降后升的现象，并且该现象在 $f_2 = 3.3$ Hz 的曲线中更加明显；图 4.24(b) 曲线与图 4.23(c) 对比，同样也是在 f_2 值较小时，曲线随着 f_3 值的变大，由最开始的缓慢下降后略微上升至平缓，并且也在 f_2 值较大时，如 f_2 值大于 2.4 Hz 后，随 α 值的变大，曲线出现了先降后升的现象，且该现象也在 $f_2 = 3.3$ Hz 的曲线中更加明显。

　　图 4.24 为所有模型结果曲线，显而易见，$\alpha = 0.2$、$\zeta_3 = 0.5$ 的曲线值最大，基于此参数的曲线，给出了 f_2 值与 f_3 值组合参数的模型结构响应曲线，如图 4.25 所示，其中横坐标为 f_3 值，不同曲线代表不同 f_2 值的模型结果。图中曲线具有以下变化规律：① 随着 f_3 的增大，结构 VDV 逐渐增大，并在 $f_3 = 2.8$ Hz 处达最大；② 随着 f_2 值的增大，曲线值先增大后减小，$f_2 = 3.0$ Hz 的曲线值达最大（菱

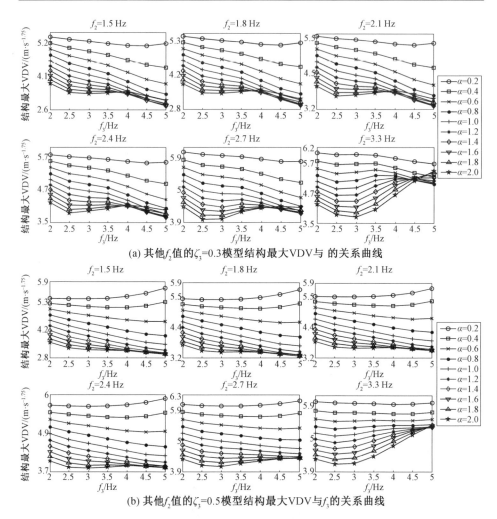

(a) 其他f_2值的$\zeta_3=0.3$模型结构最大VDV与 的关系曲线

(b) 其他f_2值的$\zeta_3=0.5$模型结构最大VDV与f_3的关系曲线

图4.24　其他 f_2 值的模型结构最大 VDV 与 f_3 的关系曲线

形点曲线），之后 $f_2=3.3$ Hz 的曲线值降低（星型点曲线），由此认为 $\alpha=0.2$、$f_2=3.0$ Hz、$\zeta_2=0.2$，$f_3=5.0$ Hz、$\zeta_3=0.5$ 为模型参数计算的结构响应最大。

　　定量分析 α、ζ_3 和 f_3 变化引起的结构响应变化程度，见表4.6。表中给出了最大变化程度，其中增加 α 可以降低结构 VDV $37\% \sim 60\%$，增加 ζ_3 可以降低结构 VDV $13\% \sim 18\%$。除此之外，增加 f_3 值可使结构 VDV 降低 28%，或增大 55%。

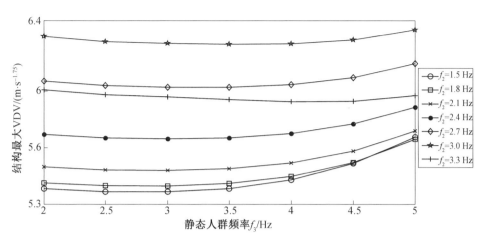

图4.25　不同 f_2 值的结构最大 VDV 与 f_3 的关系曲线

表4.6　　静态人群变量参数对结构最大响应的数值变化　　　　　　%

参数	1.5 Hz	1.8 Hz	2.1 Hz	2.4 Hz	2.7 Hz	3.3 Hz	3.3 Hz
$\alpha(0.2 \sim 2.0)$	60	57	53	50	48	42	37
$\zeta_3(0.3 \sim 0.5)$	18	14	15	15	14	13	16
$f_3(2.0 \sim 5.0\ \text{Hz})$	28	24	17	10	-3	-25	-55

4.4　结构参数分析

在第 4.3.1 节中以 $f_1 = 2.7$ Hz、$\zeta_1 = 7.3\%$ 及 $\beta = 1.0$ 为模型参数,得出 $f_3 = 2.8$ Hz、$\zeta_3 = 0.3$ 及 $\zeta_2 = 0.2$ 的模型结构 VDV 最大,但是结构最大 VDV 对应的 f_2 值与 α 有关,而 α 的取值与 β 值有关。本节以 f_1 值和 ζ_1 值为变量,设定 f_1 在 $1.0 \sim 5.0$ Hz 按 0.5 Hz 递增取值,共计 9 个值;ζ_1 在 $0.020 \sim 0.073$ 变化并取 0.020、0.050、0.073 共计 3 个值;而 β 分别取 0.5 和 1.0。根据 α 和 β 值之间的关系,α 取值范围分别设为 $0.2 \sim 0.5$ 和 $0.2 \sim 2.0$。由此详细计算结果并进行分析。

在第 4.3.2 节中以 $f_1 = 7.2$ Hz、$\zeta_1 = 3.5\%$ 及 $\beta = 1.0$ 为模型参数,得出 $f_2 = 3.0$ Hz、$\zeta_2 = 0.2$ 及 $\zeta_3 = 0.5$ 时结构响应最大,但是结构最大 VDV 对应的 f_3 值与 α 的取值有关,而 α 的取值与 β 值有关。本节以 f_1 值和 ζ_1 值为变量,设定 f_1 在 $5.6 \sim 8.4$ Hz 按 0.4 Hz 递增取值,共计 8 个值;ζ_1 在 $0.02 \sim 0.05$ 变化并取 0.020、0.035、0.050 共计 3 个值;而 β 分别取 0.5 和 1.0。根据 α 和 β 值之间的关系,α 取

值范围分别设为 0.2 ～ 0.5 和 0.2 ～ 2.0。由此详细计算结果并进行分析。

4.4.1 摇摆激励时结构参数变量的结构响应

1.参数 $\beta = 0.5$

当 β 为 0.5 时，α 取 0.2、0.3、0.4 和 0.5 共 4 个值。分析结构参数变化对结构响应的影响，需先将人群参数看作常量。对于人群频率，不失一般性，f_2 值在 1.5 ～ 3.3 Hz(按 0.3 Hz 增加)变化，共计 7 个值，f_3 值在 1.4 ～ 2.8 Hz(按 0.2 Hz 增加)变化，共计 8 个值，虽然 f_2 值和 f_3 值为变化值，但是本节以两者中的任意一个组合作为常量；对于人群阻尼比，为了简化模型参数的复杂性，仅考虑能够引起结构产生最大 VDV 的参数值，由于 4.3.1 节内容已经确定 $\zeta_2 = 0.2$ 时，模型结构 VDV 最大，考虑到 $\zeta_3 = 0.3$ 和 $\zeta_3 = 0.5$ 对结构的响应影响不大，为此将 $\zeta_3 = 0.3$ 及 $\zeta_2 = 0.2$ 作为不变量。图 4.26 为 $f_2 = 1.8$ Hz、$f_3 = 2.8$ Hz 组合参数的模型结构 VDV 与 f 值的变化关系，纵向 4 个图分别为 $\alpha = 0.2$、0.3、0.4 和 0.5 的模型结果，横向每 3 个图分别为 $\zeta_1 = 0.020$、0.050 和 0.073 的模型结果。

图 4.26

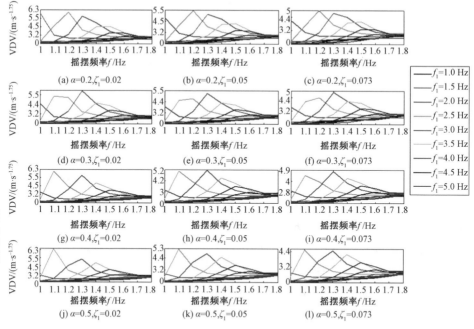

图4.26 $f_2 = 1.8$ Hz 的结构 VDV

为了更详细地分析曲线变化规律，如将 $\alpha = 0.5$、$\zeta_1 = 0.073$ 的模型结果分别以 VDV、RMS值和峰值表示，如图 4.27 所示，三者曲线的变化规律基本相同，即

$f_1 \leqslant 1.5$ Hz 的结构响应随摇摆频率单向增大，$f_1 = 2.0$ Hz 的结构响应先减后增，而 $f_1 \geqslant 2.5$ Hz 后结构响应先增后减。

当分析结构参数变化对结构响应的影响时，给出了同一 α 值、不同 ζ_1 值的结构最大 VDV 与 f_1 值的关系曲线，如图 4.28 所示，图中曲线表明 ζ_1 值越小，结构响应越大，但是 ζ_1 对结构响应的影响程度与 f_1 值的大小有关，仅当 f_1 在 $2.0 \sim 4.0$ Hz，提高结构阻尼比可有效降低结构 VDV；另外，曲线先升后降，峰值对应的 f_1 在 2.5 Hz 或 3.0 Hz 处，表明此频率的结构在摇摆荷载作用下容易产生较大的 VDV。该人群参数组合的模型表明结构最大 VDV 所对应的结构参数为 $f_1 = 2.5$ Hz、$\zeta_1 = 2\%$ 和 $\alpha = 0.5$。

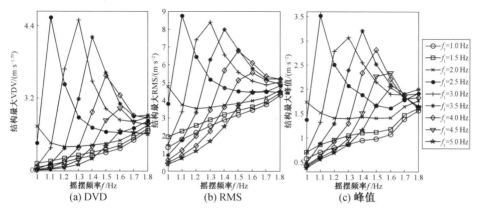

图4.27　3 种加速度形式的结构最大响应与摇摆频率的关系

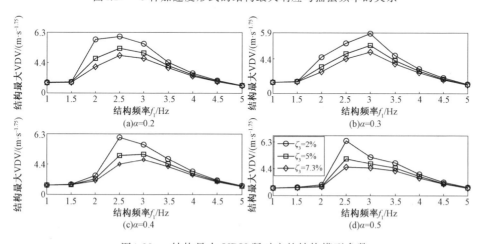

图4.28　结构最大 VDV 所对应的结构模型参数

进一步分析在其他 f_2 值和 f_3 值的组合下，结构参数变化对结构响应的影响。由于已经确定 $\zeta_1 = 2\%$ 时结构响应最大，为简化起见，仅分析该参数对应的模型结果，如图 4.29(a)～(d) 分别为 $\alpha = 0.2$、0.3、0.4 和 0.5 的模型结果，小图中有 8 条曲线代表 8 个 f_3 值的模型结果，每个大图共有 56 条曲线，所有曲线均随着 f_1 值的变大先增后减，并且曲线峰值对应的 f_1 值在 2.5～3.5 Hz 变化。当对比不同 f_2 值的曲线值时，发现随着 α 值的变化，曲线最大值也并非在同一个 f_2 值的模型中，如 $\alpha = 0.2$ 的模型中 $f_2 = 2.1$ Hz 的曲线值最大，$\alpha = 0.3$ 的模型中 $f_2 = 2.4$ Hz 的曲线值最大，而 $\alpha = 0.4$ 和 0.5 的模型中 $f_2 = 1.8$ Hz 的曲线值最大。而对比不同 f_3 值的曲线值时，可以确定 $f_3 = 2.8$ Hz 时结构 VDV 最大。随后为了确定不同 α 值的结构响应变化情况，如以图 4.29 中 $f_3 = 2.8$ Hz 的曲线为例，给出了在每个 f_2 值模型下，结构响应随 f_1 值和 α 值的变化曲线，如图 4.30 所示，曲线值的大小表明受 f_2 值的影响，结构响应并非严格遵循 α 值越大结构响应就越小的规律。

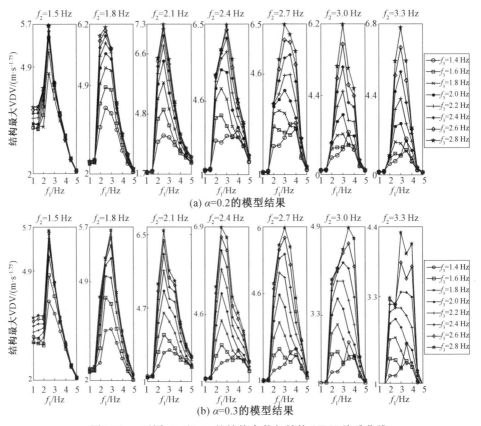

图4.29　　不同 f_2 和 f_3 的结构参数与结构 VDV 关系曲线

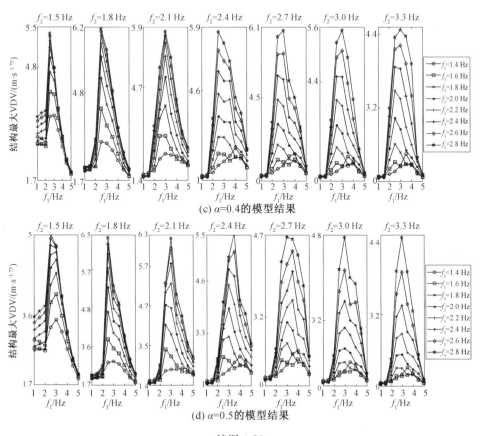

(c) α=0.4的模型结果

(d) α=0.5的模型结果

续图 4.29

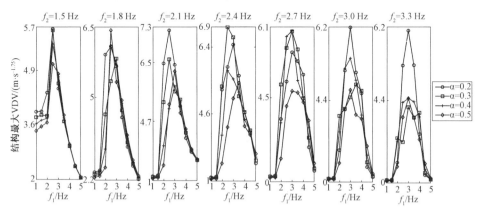

图4.30　$f_3 = 2.8$ Hz 时不同 α 值的曲线

另外,整理图 4.26 中曲线峰值以及其他模型曲线对应的 f 值,得出 f_1 为

1.0～1.5 Hz 时,峰值对应 $f=1.8$ Hz,$f_1=2.0$ Hz 时峰值对应 $f=1.0$ Hz,之后随着结构频率的增大,能够使结构产生最大响应的 f 值从 1.1 Hz 增大至 1.7 Hz。

考虑结构参数变化对结构 VDV 的影响程度,表 4.7 分别给出了 α 值、ζ_1 值和 f_1 值改变时结构响应降低的最大幅度,其中人群质量对结构响应的影响最大为 83%,其次改变结构频率可降低 77%,而增加结构阻尼可以降低 56%。

表4.7　α、ζ_1 和 f_1 变化对结构响应的最大降低程度　　　　　%

参数	$\alpha(0.2 \sim 0.5)$	$\zeta_1(2.0\% \sim 7.3\%)$	$f_1(1.0 \sim 5.0$ Hz$)$
最大降低程度	83	56	77

2.参数 $\beta=1.0$

当 $\beta=1.0$,设定 α 取值范围在 $0.2 \sim 2.0$。第 4.3.1 节以 $f_1=2.7$ Hz 为前提得出 $f_3=2.8$ Hz 时的结构 VDV。本节需要计算不同 f_2 值和 f_3 值组合下,结构参数变化对结构响应的影响。如以 $f_2=1.8$ Hz、$f_3=2.8$ Hz,$\alpha=0.2$、0.8、1.4 和 2.0 的模型结果为例,说明结构 VDV 与结构参数变化的关系,如图 4.31 所示,图中曲线均只有一个峰值。为了更详细地分析曲线变化规律,如将 $\alpha=2.0$、$\zeta_1=7.3\%$ 的模型结果分别以 VDV、RMS 值和峰值表示,如图 4.32 所示,三者曲线存

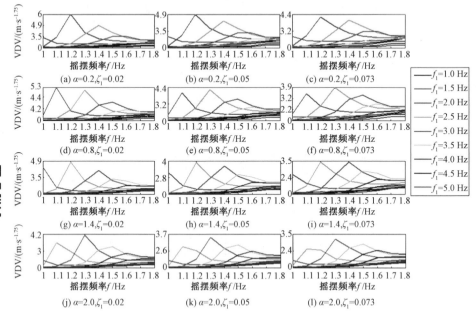

图 4.31

图4.31　$f_2=1.8$ Hz 的模型结构 VDV

在以下变化趋势：$f_1 \leqslant 1.5$ Hz 时结构响应随摇摆频率近似线性增大，$f_1 =$ 2.0 Hz 时结构响应先减后增，2.5 Hz $\leqslant f_1 \leqslant 4.0$ Hz 时结构响应先增后减，而当 $f_1 \geqslant 4.5$ Hz 后结构响应随摇摆频率近似非线性单向增大。

讨论图 4.31 中各曲线峰值与 f_1 的关系，如图 4.33 所示，图中曲线表明 ζ_1 值越小结构响应越大，但是 ζ_1 对结构响应的影响与结构频率有关，只有 f_1 在 $2.0 \sim 3.0$ Hz 时提高结构阻尼比可有效降低结构响应。另外，曲线峰值对应的 f_1 值随 α 的增大从 2.5 Hz 向 3.0 Hz 处过渡。该参数模型得出 $\alpha = 0.2$、$\zeta_1 = 2\%$ 和 $f_1 = 2.0$ Hz 时结构有最大 VDV。

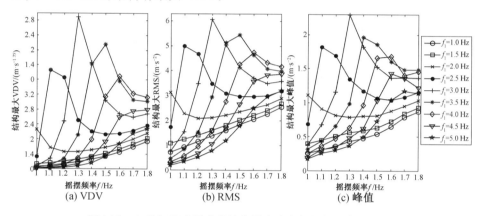

图4.32　3 种加速度形式的结构最大响应与摇摆频率的关系

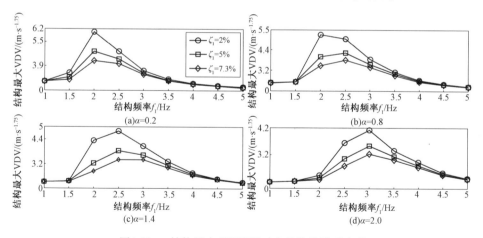

图4.33　结构最大 VDV 所对应的结构模型参数

其次，计算不同 f_2 值和 f_3 值组合参数的模型结果。结合图 4.33$\zeta_1 = 2\%$ 的曲线值最大，以该参数对应的结果为例，其中给出了 $f_2 = 1.5$ Hz 和 f_3 其他值组合时结构最大 VDV 与结构参数的变化曲线(图 4.34)。图中曲线表明在不同 f_3 值的模型下,随 f_1 值变化略有不同,仅 $f_3 = 1.4$ Hz 模型中,当 $\alpha = 0.2 \sim 0.6$ 时,曲线呈先升后降现象,而当 $\alpha \geqslant 1.4$ 后曲线在 $f_1 = 3.0$ Hz 后开始下降;在其他 f_3 值模型中,所有曲线均随着 f_1 值的变大先升后降,并且曲线峰值所对应的 f_1 值随 α 的变大从 2.0 Hz 向 2.5 Hz 过渡。对比各小图中曲线存在的最大值,发现 $f_3 = 2.8$ Hz 的模型中曲线值大于其他 f_3 值的模型。

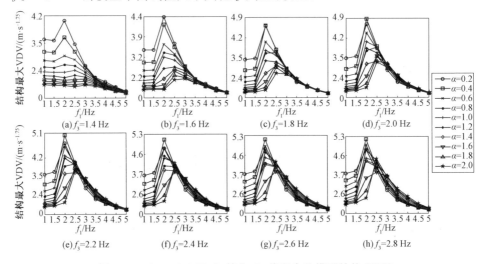

图4.34　$f_2 = 1.5$ Hz 与其他 f_3 值组合的模型结构 VDV

当整理其他 6 个 f_2 值和其他 f_3 值组合的结果时,均表明与 $f_3 = 2.8$ Hz 的组合模型曲线值最大。随后给出了 $f_2 = 1.8 \sim 3.3$ Hz 6 个 f_2 值与 $f_3 = 2.8$ Hz 的组合模型曲线,如图 4.35 所示,图中每条曲线分别代表一个 α 值的模型结果,所有曲线均随 f_1 值的变大先升后降,并且曲线峰值对应的 f_1 值在 2.0 $\sim$ 3.0 Hz 之间变化,曲线峰值最大值对应的 α 值都为 0.2。不仅如此,对比不同小图中的曲线值,发现 $f_2 = 1.8$ Hz 的模型结构 VDV 最大。除此之外,分析了结构最大 VDV 对应的 f 值,结果见表 4.8,与 $\beta = 0.5$ 的模型结果类似,f_1 值在 1.0 $\sim$ 1.5 Hz 时对应的 f 值为 1.8 Hz 或 1.0 Hz,随着 f_1 值的增大,对应的 f 值从1.1 $\sim$ 1.3 Hz 过渡至 1.7 $\sim$ 1.8 Hz。最后计算了不同结构参数变化对结构 VDV 的改变程度,见表 4.9,表中仅给出了参数范围内对结构影响程度最大的情况,增加 α 值、ζ_1 值和 f_1 值均会使结构响应明显降低,其中最大降低程度分别为 98%、60% 和 89%。

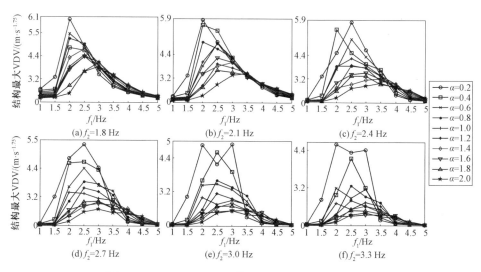

图4.35　$f_3 = 2.8$ Hz 与其他 f_2 值组合的结构 VDV

表4.8　**结构产生最大 VDV 对应的摇摆频率**　　　　　　Hz

摇摆频率	结构频率 f_1								
	1.0	1.5	2.0	2.5	3.0	3.5	4.0	4.5	5.0
f	1.8	1.8,1.0	$1.1\sim1.3$	$1.3\sim1.6$	$1.4\sim1.8$	$1.5\sim1.8$	$1.5\sim1.8$	$1.6\sim1.8$	$1.7\sim1.8$

表4.9　**α、ζ_1 和 f_1 变化对结构响应的最大降低程度**　　　%

项目	$\alpha(0.2\sim2.0)$	$\zeta_1(2\%\sim7.3\%)$	$f_1(1.0\sim5.0$ Hz$)$
最大降低程度	98	60	89

4.4.2　跳跃激励时结构参数变量的结构响应

1.参数 $\beta = 0.5$

当 β 为 0.5 时，α 取值定为 0.2、0.3、0.4 和 0.5 共 4 个值。第 4.3.2 节以结构参数 $f_1 = 7.2$ Hz、阻尼比 $\zeta_1 = 3.5\%$ 和 $\beta = 1.0$ 为前提，得出 $f_2 = 3.0$ Hz、$\zeta_2 = 0.2$、$f_3 = 5.0$ Hz 和 $\zeta_3 = 0.5$ 的模型结构响应最大。本节为了分析结构参数变化对结构响应的影响情况，计算不同 f_2 值和 f_3 值组合情况下的结构响应。首先以上述人群参数为例，给出了结构 VDV 与跳跃频率 f 值的关系曲线，如图4.36所示，图中曲线均表明随着 f 值的增大结构 VDV 逐渐增大，并在 $f = 2.8$ Hz 处达最大值。

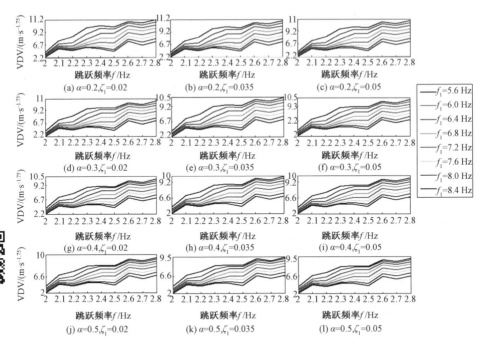

图 4.36　　结构 VDV 与跳跃频率 f 值的关系曲线

为了确定以 RMS 值和峰值表示时是否也存在以上现象,以 $\alpha = 2.0$、$\zeta_1 = 0.05$ 模型结果为例并作图,如图 4.37 所示,发现以 RMS 表示的曲线变化形式与 VDV 曲线相同,然而以峰值为纵坐标的曲线变化形式则不相同,原因与 4.3.2 节相同。

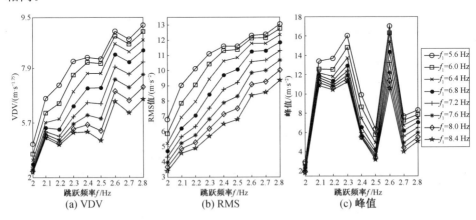

图 4.37　　3 种加速度形式的结构最大响应与 f 的关系

进一步分析图 4.36 中各曲线峰值与 f_1 值的关系曲线,如图 4.38 所示,曲线

均表明结构响应随 f_1 值、α 值及 ζ_1 值的增大呈近似线性降低,其中 $\alpha=0.2$、$\zeta_1=2\%$ 和 $f_1=5.6$ Hz 的结构有最大 VDV。

由于图 4.36 的曲线表明结构在跳跃频率为 2.8 Hz 处具有最大 VDV,并且图 4.38 的曲线表明结构频率为 5.6 Hz 时结构响应最大,两者之间呈两倍的关系。由此提取了 $\alpha=0.2$、$\zeta_1=2\%$ 和 $f_1=5.6$ Hz 时承受 2.0 Hz、2.4 Hz 以及 2.8 Hz 跳跃荷载的结构加速度曲线,并给出了时程曲线和频域结果,如图 4.39 所示。

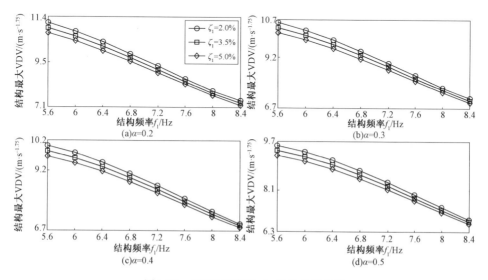

图4.38   VDV 峰值与 f_1 值的关系曲线

图 4.39 的时程曲线峰值表明 2.0 Hz 的时程曲线峰值最小,虽然 2.4 Hz 的曲线在 10 s 处的瞬时峰值大于 2.8 Hz 的曲线峰值,但是 2.8 Hz 的曲线其他时间段峰值明显大于 2.4 Hz 的曲线值;图 4.39 的为频域结果及峰值个数说明,2.0 Hz 跳跃可以激起四阶频率,并且在第二阶频率即 4.0 Hz 时作用最大,2.4 Hz 跳跃可以激起三阶频率,并且在第一阶频率作用最大,而 2.8 Hz 跳跃激起的三阶频率中,第二阶频率与结构频率相同,该频率对应的峰值明显大于其他两阶,具有近似共振效应。除此之外,跳跃作用在一阶和二阶处对结构响应贡献较大,三阶或者更高阶虽有贡献,相比前两阶较小。由此可以解释结构频率为 5.6 Hz 时,2.8 Hz 跳跃荷载产生的结构响应最大。

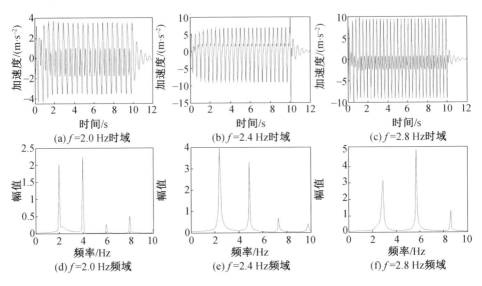

图4.39 结构响应的时域和频域分析

其次,考虑不同 f_2 值与 f_3 值模型结构响应的变化情况。以 $f_3=5.0$ Hz、$\zeta_3=0.5$ 和 $\zeta_2=0.2$ 与其他 f_2 值的组合参数模型为例,发现 $\alpha=0.2$、$\zeta_1=2\%$ 的结构响应值最大,图 4.40(a) 给出了结构 VDV 与 f_1 值的变化曲线,横坐标为 f_2 值,不同曲线值的大小表明结构响应随 f_1 值变大而降低,即 $f_1=5.6$ Hz 时结构响应最大(星型点曲线)。同时为了验证 ζ_3 的变化是否改变结构参数变化对结构响应影响的规律,又计算了 $f_3=5.0$ Hz、$\zeta_3=0.3$ 和 $\zeta_2=0.2$ 的模型,结果如图 4.40(b) 所示,与图 4.40(a) 相比,虽然两图中对应的曲线值明显降低,但是曲线的变化趋势一致,由此表明 ζ_3 的改变并不影响结构参数对结构响应的影响规律。

最后,计算了 $\zeta_3=0.5$、其他 f_3 值的模型结果,目的是确定结构响应在不同人群频率组合参数下,结构参数变化与结构响应的关系,作图方法与图 4.40 相同,结果如图 4.41 所示,每个小图代表 f_3 值在 $2.0\sim4.5$ Hz 共 6 个值的模型结果。图中曲线的变化趋势:① f_3 值为 $2.0\sim3.0$ Hz 的模型,曲线形状随 f_1 值的变化有所不同,如 f_1 在 $5.6\sim6.8$ Hz 内,结构响应降低程度较明显,而 f_1 在 $7.2\sim8.4$ Hz,结构响应基本不受 f_2 值的影响;② 当 f_3 值在 $3.5\sim4.5$ Hz 时,如 f_1 在 $5.6\sim7.2$ Hz,结构响应随 f_2 值的变大先降低后增大,而 f_1 在 $7.6\sim8.4$ Hz,结构响应随 f_2 值的变大呈增加趋势。但是无论曲线形状如何变化,可以确定结构响应随 f_1 值的增大而减小。

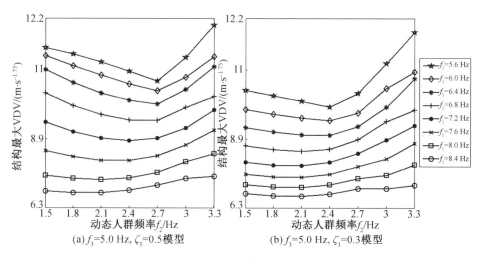

图4.40 不同 f_2 下结构参数变化与结构响应的关系

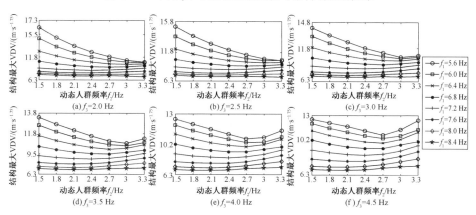

图4.41 不同 f_3 下结构参数变化与结构响应的关系

分析参数 α、ζ_1、f_1 值对结构响应的最大影响程度,见表4.10,其中增加 α 值可降低 48%,增加 ζ_1 值可降低 18%,而增加 f_1 值降低 76.6%。

表4.10 α、ζ_1 和 f_1 变化对结构响应的降低程度

参数		降低程度/%
α	0.2 0.5	48
ζ_1	0.02 0.05	18

续表4.10

参数		降低程度 /%
f_1/Hz	5.6	77
	8.4	

2.参数 $\beta = 1.0$

当 $\beta = 1.0$ 时,设定 α 取值范围为 $0.2 \sim 2.0$。根据 4.3.2 节的研究结果,$f_1 = 7.2$ Hz 的模型得出 $\alpha = 0.2$、$f_2 = 3.0$ Hz、$\zeta_2 = 0.2$、$f_3 = 5.0$ Hz、$\zeta_3 = 0.5$ 时结构响应最大。为了不失一般性,计算了在不同 f_2 值和 f_3 值组合参数模型下,结构参数变化对结构响应的影响情况。首先以 $f_2 = 3.0$ Hz、$f_3 = 5.0$ Hz 及 $\zeta_3 = 0.5$ 的组合参数为例,给出了结构 VDV 与结构参数的曲线关系,如图 4.42 所示。从图中可知,虽然结构响应随 f 值的增大而逐渐增大,但同时也因 α 值的变大出现了先增后减的现象,曲线峰值并非只在 $f = 2.8$ Hz 处。

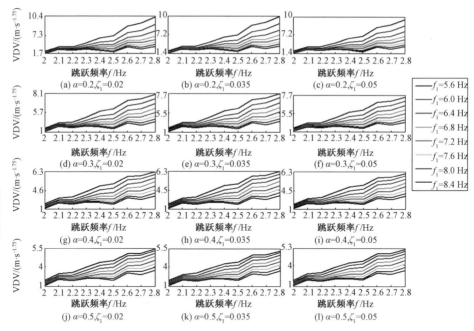

图 4.42

图4.42　结构响应与模型参数的关系

随后整理各曲线峰值与对应的变量参数的关系,图 4.43 为 α 值相同而 ζ_1 值不同的结构 VDV 与 f_1 值的关系,曲线表明:随着 f_1 值和 ζ_1 值的增大,结构响应逐渐降低;对比各图曲线峰值,随着 α 值的增大,结构响应也相应降低。

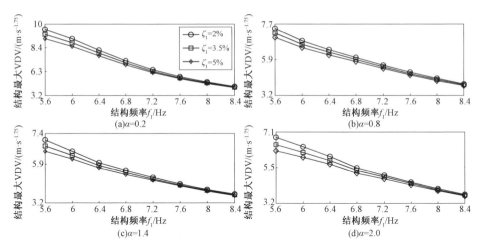

图4.43　结构最大 VDV 与模型参数的关系

由图 4.43 可知 $\zeta_1 = 2\%$ 的曲线值最大,并且其他 ζ_1 值的曲线与其变化形式相同,故以 $\zeta_1 = 2\%$ 的曲线为例,给出了其他 f_2 值和 α 值模型对应的曲线,图 4.44 所示为参数 α 在 $0.2 \sim 2.0$ 共计 10 个值的结果。图中曲线的变化趋势:①$\alpha = 0.4 \sim 1.4$ 时,f_1 为 $5.6 \sim 6.8$ Hz 的曲线随着 f_2 值的增大呈非线性上升,并在 $f_2 = 3.3$ Hz 处有最大值,而 $f_1 \geqslant 7.2$ Hz 后,α 值较小的曲线随 f_2 值的增大先升后降,并在 $f_2 = 3.0$ Hz 处有最大值,该现象符合 4.2.2 节研究的结果,当 α 逐渐增大时,f_1 为 7.2 Hz 和 7.6 Hz 的曲线也逐渐变成单向增加;②$\alpha = 0.2$ 时,$f_1 = 5.6$ Hz 和 6.0 Hz 的曲线随着 f_2 值的增大先降后升并在 $f_2 = 3.3$ Hz 处有最大值,f_1 为 6.4 Hz 和 6.8 Hz 的曲线随着 f_2 值的增大先降后升然后再降,最大峰值在 $f_2 = 1.5$ Hz 处,而当 $f_1 \geqslant 7.2$ Hz 后,曲线随着 f_2 值的变大先升后降,峰值在 $f_2 = 3.0$ Hz 处;③$\alpha \geqslant 1.6$ 时,f_1 为 5.6 Hz 的曲线先降后升,峰值从 $f_2 = 3.3$ Hz 变为 $f_2 = 1.5$ Hz,f_1 在 $6.0 \sim 7.6$ Hz 的曲线呈非线性升高状态,而 f_1 在 $8.0 \sim 8.4$ Hz 的曲线呈现出先升后降的现象,峰值在 $f_2 = 3.3$ Hz 或 3.0 Hz 处。虽然这些曲线变化形式不尽相同,但是无论 α 值和 f_2 值如何变化,结构响应随 f_1 值的增大而降低的现象是不变的。

除此之外,考虑 $\zeta_3 = 0.3$ 时模型曲线的变化情况,目的是确定 ζ_3 的变化是否影响结构参数对结构响应的变化规律,如以 $\alpha = 0.2$ 的曲线为例,如图 4.45 所示,对比图 4.44 中 $\alpha = 0.2$ 的曲线,发现除了相对应的曲线值明显降低外,曲线变化规律并未改变。

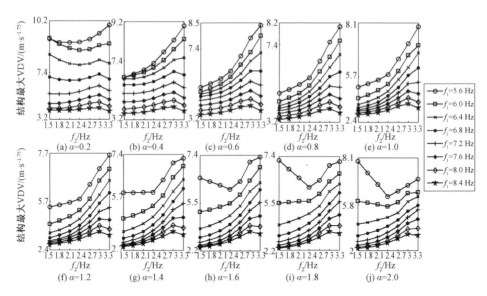

图4.44　$\zeta_3 = 0.5$ 时不同 f_2 下结构 VDV 与 f_1 的关系曲线

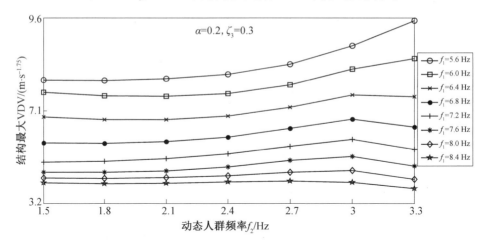

图4.45　$\zeta_3 = 0.3$ 时不同 f_2 下结构 VDV 与 f_1 的关系曲线

由图 4.44 可知，当 $f_3 = 5.0$ Hz 时结构响应一般在 $f_2 = 3.0$ Hz 或 3.3 Hz 处存在最大值，为进一步分析不同 f_3 值的模型结构响应受结构频率的影响，以 $f_2 = 3.3$ Hz、$\zeta_2 = 0.2$ 模型参数为例，给出了 $f_3 = 2.0 \sim 5.0$ Hz 模型结构响应随结构参数变化的结果，发现 $\zeta_1 = 2\%$ 的结构响应最大，以该参数的结果为例作图，如图 4.46，图中为 $\alpha = 0.2 \sim 2.0$ 的不同 f_2 模型结构响应与结构频率的关系曲线，曲线变化趋势：①f_1 值为 $7.2 \sim 8.4$ Hz 的曲线，f_3 值及 α 值对结构响应影响很小，只有当 $\alpha \geqslant 1.2$ 后，曲线才稍微上升；②f_1 值为 $5.6 \sim 6.8$ Hz 的曲线，α

值逐渐增大后,结构响应随 f_3 值的增大出现先减小后增大的趋势,并且验证了 $f_3 = 5.0$ Hz 时结构响应最大。

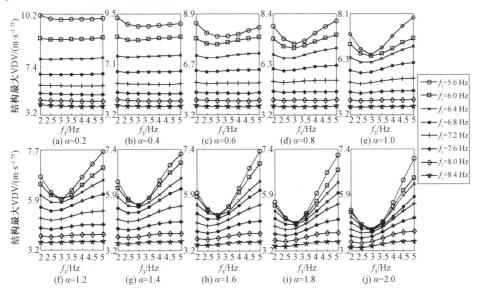

图4.46 $\zeta_3 = 0.5$ 时不同 f_3 下结构 VDV 与 f_1 的关系曲线

为了验证 $\zeta_3 = 0.3$ 时模型曲线变化形式是否发生改变,计算了 $\zeta_3 = 0.3$ 的模型,并以 $\alpha = 0.2$ 时的曲线(图 4.47),对比图 4.46 的 $\alpha = 0.2$ 曲线,发现曲线值明显降低但是曲线变化趋势相同。图 4.46 和图 4.47 同样可以确定无论 α 值和 f_2 值如何变化,结构响应随 f_1 值的增大而降低的现象是不变的。不仅如此,对于静态人群,当增加人群阻尼比反而会增加结构响应。

图 4.44 ～ 4.47 分别研究了静态人群频率或动态人群频率为定值时,结构响应在不同人群频率组合下,结构参数变化与结构响应的关系曲线,并且以上模型得出 $\alpha = 0.2$、$\zeta_2 = 0.2$ 和 $\zeta_3 = 0.5$ 的曲线值最大。为了充分考虑所有不同人群频率组合参数下结构参数变化对结构响应的影响,以这些参数的模型为研究对象,计算了 $f_2 = 1.5 \sim 3.3$ Hz 及 $f_3 = 2.5 \sim 5.0$ Hz 的结构响应,并以 f_2 为横坐标,每条曲线代表不同 f_3 值的模型结果与 f_2 值的关系曲线,如图 4.48 所示。

图 4.48 中共计 8 个小图,每个图代表一个 f_1 值的模型结果,例如 $f_1 = 5.6$ Hz,图中 8 条曲线分别代表 $f_3 = 2.5 \sim 5.0$ Hz 的 8 个模型结果曲线。在同一 f_1 值的模型中曲线变化形式相同,但是不同 f_1 值的模型曲线形式有所不同,例如当 $f_1 = 5.6 \sim 6.0$ Hz 时,曲线基本呈降低趋势,并且 f_3 值越小,降低程度越明显;当 $f_1 = 6.4 \sim 6.8$ Hz 时,曲线出现先降低后升高再降低的趋势;当 $f_1 = 7.2 \sim$

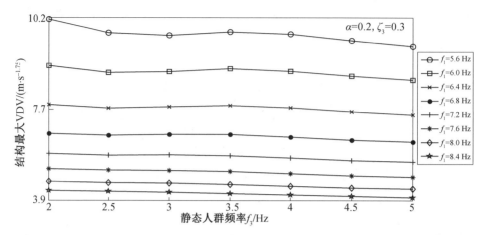

图4.47 $\zeta_3 = 0.3$ 时不同 f_3 下结构 VDV 与 f_1 的关系曲线

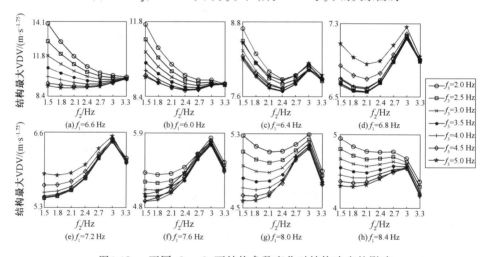

图4.48 不同 f_2、f_3 下结构参数变化对结构响应的影响

8.0 Hz 时,曲线呈现先升高后降低现象;而当 $f_1 = 8.4$ Hz 时,曲线随着 f_1 值的变大由逐渐降低变成先升高后降低。分析曲线峰值,可知当 $f_1 = 5.6 \sim 6.4$ Hz 时,峰值在 $f_2 = 1.5$ Hz 处;当 $f_1 = 6.8 \sim 8.0$ Hz 时,峰值在 $f_2 = 3.0$ Hz 处;而当 $f_1 = 8.4$ Hz 时,峰值出现在 $f_2 = 1.5$ Hz 和 3.0 Hz 处。

分析参数 α、ζ_1、f_1 值对结构响应的最大影响程度,结果见表4.11。其中,增加 α 值可降低 82%,增加 ζ_1 可降低 33%,而增加 f_1 值降低 88%。

表4.11　α、ζ_1 和 f_1 变化对结构响应的降低程度

参数		变化程度 /%
α	0.2	82
	2.0	
ζ_1	0.02	33
	0.05	
f_1/Hz	5.6	88
	8.4	

4.5　本章小结

本章采用三自由度系统模拟人群与可拆卸临时看台结构相互作用,通过设定人群动力参数和结构动力参数在合理的范围内变化,从理论上系统地分析各参数变化对结构响应的影响,得到如下结论。

(1) 在摇摆荷载作用下,结构 VDV 随 α 和 ζ_2 的增大而减小,f_2 对结构响应的影响与 α 有关,$\alpha \leqslant 0.6$ 时在 $f_2 = 1.8$ Hz 时最大,$\alpha > 0.6$ 后在 $f_2 = 1.5$ Hz 时最大;结构 VDV 随 f_3 的增大而减小,但是 ζ_3 对结构响应的影响与 α 和 f_3 有关,并非 ζ_3 越大结构 VDV 就越小。

(2) 在跳跃荷载作用下,结构 VDV 随 α 和 ζ_2 的增大而减小,随 f_2 的增大先升后降,并在 $f_2 = 3.0$ Hz 时最大;f_3 对结构响应的影响与 α 有关,α 越大,结构 VDV 随 f_3 的增大出现先降后升的现象,并非 f_3 越大,结构 VDV 越小,而 ζ_3 对结构响应的影响与 f_3 有关,并非 ζ_3 越大结构 VDV 就越小。

(3) 不同结构参数下,摇摆作用时,结构 VDV 随 ζ_1 增大而越小,随 f_1 的增大先升后降,并在 $f_1 = 2.5 \sim 3.5$ Hz 有最大值,并非 α 和 β 越小结构 VDV 就越大;跳跃作用时,结构 VDV 随着 ζ_1 和 f_1 的增大而减小,并在 $f = 2.8$ Hz 时结构 VDV 最大,α 和 β 对结构响应的影响呈不确定性。

第 5 章　　临时看台振动舒适度研究

5.1　概　　述

临时看台在服役期间,人群的节奏性运动将导致结构产生较严重的振动,即使不出现破坏性等安全问题,过大的振动也会引起人群出现不舒适反应,甚至导致恐慌,加剧人群荷载的劣化,从而危及临时看台的安全。由于人群荷载属于较强的时变荷载,对结构参数亦有强烈的耦合影响,临时看台参数如果没有最大限度匹配好舒适度的要求,将会对临时看台带来严重影响,合理设计人群振动舒适度,是研究临时看台的重要内容。

人体舒适度参考标准一般基于人对结构振感的意向调查,同一个人在不同环境下对相同的振感反应也会有所不同,而不同的人对同一振感的敏感度也不同,即人的振感存在内在差异和相互差异,所以评价振动舒适度问题是一项复杂的工作,但各国学者在此方面都进行了许多试验研究,并且取得了一定成果。

本章通过试验获得人体在看台上真实的振动感觉意向调查表,基于烦恼率模型,研究人群烦恼率与结构振动的关系,以探索临时看台振动舒适度的定量设计技术。

5.2　舒适度评价方法及指标

5.2.1　评价方法

评价人体振动舒适度包含3个内容:① 确定人的感觉程度,通过将人对振动的感觉划分为不同等级,并以调查表的形式体现;② 使用合理的评价参数,一般采用结构加速度的3种形式,其代表值有峰值、均方根值(RMS)、振动剂量值(VDV);③ 确定人体振动感觉与结构响应之间的关系。本章根据调查表结果,采用基于概念隶属度的烦恼率数学模型,定量确定人群烦恼率与结构加速度之间的关系,以获得临时看台振动舒适度设计的限定值。

（1）划分人对振动感觉的感知范围及对应的心理变化。

心理学研究结果表明,人可以不混淆地区分感觉的量级一般不超过 7 个,本章将人的感觉区域划分为 6 个感觉级别:感觉不到、可以感觉到、清楚地感觉到、非常清楚地感觉到、强振感、剧烈振动。人对结构振动的感觉会引起自身心理情绪的变化,这种心理感受与对结构的感觉是人体振动舒适度调查表的主要内容。本章将其分为以下 6 个等级:

① 无反应:身体未感觉到结构的振动,对应于"感觉不到"。

② 有感觉,但认为结构正常振动:身体感觉到结构在振动,且振幅较小,但未产生心理影响,对应于"可以感觉到"。

③ 有感觉,但认为还可以接受:身体感觉到结构在振动,有局部振幅引起身体晃动,对应于"清楚地感觉到"。

④ 有感觉,但有点害怕:身体感觉到结构在振动,心里已出现稍微担心,心理变化为如果下次再来比这种振动大一些的,就已经害怕了,对应于"非常清楚地感觉到"。

⑤ 有感觉,但已经害怕:身体明显感觉结构在某时刻振动时,心里已经出现紧张害怕,担心结构安全,对应于"强振感"。

⑥ 非常恐慌:在某时刻结构振动时,心理非常恐慌,不自主尖叫或者抓住周围人或物,或想尽快离开结构,对应于"振动剧烈"。

（2）选择合适的结构加速度评价指标。

加速度峰值是最简单直观的参数,但未考虑结构振动持续时间的影响。RMS值虽然考虑了振动持续时间的影响,但是要求振动激励为有规律、峰值为常数并且具有连续稳态特征的曲线。如果结构承受的激励具有以上性质外,还有一些外部激励具有随机性,且峰值随时间变化,那么采用加速度振动剂量值 VDV 是一种合理的方法,而且已经被越来越多的规范所采用。在计算以上加速度指标时,为了考虑人体对不同频率振动的敏感程度,引入频率计权函数 $W(f)$ 乘以原始加速度曲线。目前,规范如 ISO10137、ISO2631、BS6841、BS6472－1 均采用频率计权函数来计算加权的加速度曲线,它们所采用的频率计权函数不同之处在于评价竖向振动时曲线各不相同,而水平向都采用同一条曲线,即 $W(f)$ 一般采用 ISO 建议的曲线,如图 5.1 所示。

图 5.1 中坐标轴为双对数坐标系,横坐标为频率,纵坐标为加权值,不同频率的结构加权曲线函数各不相同。本节测试临时看台水平向振动舒适度,采用图中实线计算频率加权值。

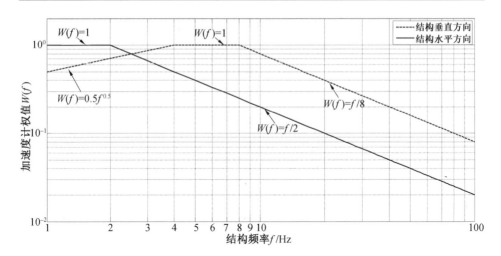

图5.1　ISO 频率计权曲线

（3）量化并评价调查表的结果。

普遍做法是利用模糊数学模型中的隶属函数来定量判断人对振动的主观反应。这是因为调查表的问询结果不仅包含了人对振动感受差异存在的随机性，还包含了人对感觉等级判断概念不清晰形成的模糊性。利用心理物理学信号检测理论，基于概念隶属度函数，采用烦恼率模型定量计算人群舒适度程度，是一种可取的方法。这种烦恼率模型的研究已经取得了一定的认可，并且还进一步应用到列车、人行桥以及楼板等领域的振动舒适度问题中。

对于振感的概念，虽然采用形容词和比较级对各振感进行判断，字面意思明确，但是由于感觉本身具有随机性，再加上判断隶属于哪种振感概念具有模糊性，试验观察得到的结果是其两者共同的作用。如何将两者有效地分开，并能用一组数据表达，常用模糊概念隶属度统计方法，即各种反应的人数除以总人数以得到各个概念的隶属频率。那么，每种振感概念的隶属度计算式为

$$v_{ij} = \frac{j-1}{K-1}, \quad j = 1, 2, \cdots, K \tag{5.1}$$

式中　　v_{ij}——结构在第 i 级振动强度作用下第 j 级振感概念隶属度值；

　　　　K——振感概念判断类别数。

试验所用的调查表振感概念隶属度值见表 5.1，其中 $K = 6$。

表5.1 振感概念隶属度值

振感主观反应	对应概念隶属度
$j=1$,无反应	0.0
$j=2$,有感觉,但认为结构正常振动	0.2
$j=3$,有感觉,但认为还可以接受	0.4
$j=4$,有感觉,但有点害怕	0.6
$j=5$,有感觉,但已经害怕	0.8
$j=6$,非常恐慌	1.0

由概念隶属度值,结合集值统计方法,提出在某一特定结构振动强度下的人群烦恼率,按式(5.2)计算:

$$R(x=i)=\frac{\sum_{j=1}^{K} v_{ij}n_{ij}}{\sum_{j=1}^{K} n_{ij}} \tag{5.2}$$

式中 $R(x=i)$——第 i 个结构振动强度的人群烦恼率;

n_{ij}——第 i 个结构振动强度下第 j 种主观反应的人数;

v_{ij}——按式(5.1)计算。

根据计算不同结构振动强度下的一系列烦恼率,可以确定振动舒适度烦恼阈限,即保证振动强度在人群舒适感承受的上限值。

5.2.2 评价指标的选取

完成临时看台振动舒适度试验,需要选择合适的测试者。早期 BS6841 指出采用真实人体,而非替代的等质量物体或者假体,会更加逼真地获得人体振动感觉。然而,该规范也指出人体对振动的感觉,其影响因素很多,譬如年龄、性别、健康、经验、经历、姿势等固有的内在因素。所以,本试验对参加试验的每一名测试者,首先从身体健康及振动感觉认知等基本状况入手,确保各位参加试验者具有一定的身体条件和心理承受能力;其次,尽可能地接纳学校和社会等不同职业的人员,男女不限,年龄在 20～40 岁之间。在满足以上要求的基础上,共有 40 名测试者,分别为图 3.5(b)和图 3.7 中各 20 名测试者,统计每名测试者的体重、年龄和身高等基本信息,并根据人对结构振动感觉划分的等级,做成调查表,图 5.2 为振动台外部激励试验和人群自激振动试验完成的调查表。在进行振动舒适度试验前,所有测试者并未专门进行结构振动感觉训练,结构每次振动都是测试者第一次感受振感,并且未要求测试者的坐姿或者站姿(例如保持一个垂直的身体),自然状态即可。每进行一个试验工况,测试者根据自身对结构振动的强烈程度和心理感觉,如实填写调查表。

　　振动台激励临时看台结构,激励波以随机波形式,并按照位移幅值从小到大逐渐增大,测试者的感觉从无感觉到强烈振感,以降低测试者在概念隶属度模糊性和感觉随机性的误差。同样,人群自身激励产生的结构振动舒适度试验,激励频率也是从低到高逐渐增加,以确保结构振动逐渐增强,所测试的对象既包含了动态人群也包括了静态人群,激励形式为节奏运动(摇摆、跳跃和弹跳)。

(a) 振动台试验调查表　　　　　　　　　　(b)人致振动试验调查表

图5.2　　振动舒适度调查表

　　根据各试验工况获得的结构振动加速度时程曲线,计算结构频率加权后的加速度指标,即按式(5.3)分别计算峰值 a_{wp}、RMS 值 a_{wrms},以及采用式(3.2)计算加速度振动剂量值 VDV a_{wvdv}。

$$a_w(t) = W(f) \cdot a(t)$$
$$a_{wp} = \max |a_w(t)|$$
$$a_{wrms} = \left[\int_0^T a_w^2(t)dt\right]0.5 \tag{5.3}$$

式中　　$W(f)$——频率计权函数,具体值从图 5.1 中曲线取值;

　　　　$a(t)$——结构加速度时程曲线,(m/s^2);

　　　　T——结构振动时间,s。

　　整理振动台试验各工况的结构响应,如图 5.3 所示,图中横坐标为台面加速度峰值,纵坐标为结构座椅处 3 种加速度形式的分布情况,其中空心圆点为峰值,方形点为 RMS 值,菱形点为 VDV。采用二次多项式拟合式拟合这 3 种数据,得到式(5.4),从图中 3 条拟合曲线走势可知,RMS 值的曲线(点虚线)高于加速度峰值(点横线),而 VDV 的曲线(实线)最低。

$$a_{wp} = -0.708a_{inp}^2 + 2.349a_{inp} - 0.063$$
$$a_{wrms} = -1.245a_{inp}^2 + 3.435a_{inp} - 0.177$$
$$a_{wvdv} = -0.688a_{inp}^2 + 2.124a_{inp} - 0.114a_{inp} \in (0.15, 1.52) \tag{5.4}$$

式中　　a_{inp}——振动台台面加速度峰值，$(\mathrm{m/s^2})$。

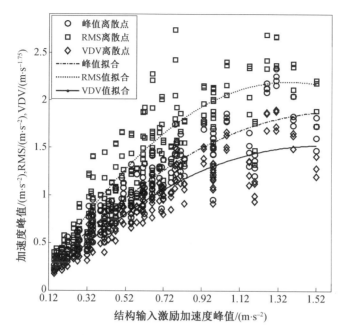

图5.3　结构输入加速度与输出加速度峰值、RMS 值和 VDV 间的关系

虽然规范 ISO2631－1 和 BS6472－1 给出了 VDV 与 RMS 值的计算关系，Ellis 和 Littler 给出了 VDV 与峰值的计算关系，如式(5.5) 所示，ea_{vdv} 为等效计算的 VDV，但是图 5.3 中各曲线纵坐标之间的差值变化表明它们之间并不满足式(5.5)关系，分析原因或许为：计算 RMS 值和 VDV 时，考虑了振动持续时间 T 的影响，T 的选择可以是整个持续过程，也可以是某一段时间，当所考虑的时间段内每一时刻的加速度值都大于 $1.0~\mathrm{m/s^2}$ 时，可能满足式(5.5)，如果在该时间段内每时刻加速度值小于 $1.0~\mathrm{m/s^2}$ 时，则 RMS 值将会大于 VDV，所以式(5.5)的使用情况需要一定的条件。虽然 Griffin 引入峰值因数 $C_{\mathrm{F}}=a_{\mathrm{wp}}/a_{\mathrm{wrms}}$，认为当 C_{F} 小于 6 时，可以采用式(5.5)，但是就本试验获得的结果，C_{F} 小于 1。

$$ea_{\mathrm{wvdv}}=\sqrt[4]{(1.40a_{\mathrm{wrms}})^4 T}$$
$$a_{\mathrm{wvdv}}=1.35a_{\mathrm{wp}} \tag{5.5}$$

分析以峰值因数 C_{F} 为自变量，以 $a_{\mathrm{wp}}/a_{\mathrm{wrms}}$ 为因变量的关系曲线，如图 5.4 所示，分别采用一次和二次多项式拟合，两者(实线和虚线)之间差别不大，表明数据符合线性关系，按一次多项式拟合，为式(5.6)，该拟合曲线明显不同于 Setareh 提出的二次多项式拟合式。

$$\frac{a_{\mathrm{wvdv}}}{a_{\mathrm{wp}}}=-0.568\,2C_{\mathrm{F}}+1.278\,0 \tag{5.6}$$

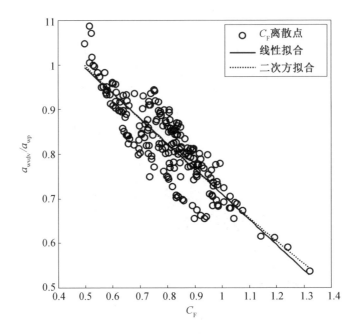

图5.4　振动台振动结构 $a_{\text{wvdv}}/a_{\text{wp}}$ 与 C_{F} 的关系

　　根据以上分析内容,分别给出本试验获得的峰值 a_{wp}、RMS值 a_{wrms} 与 VDV 值 a_{wvdv} 的离散点分布情况,以及两者间的线性拟合曲线,如图 5.5 所示,其中拟合式为(5.7),R − Square(确定系数)分别为 0.946 和 0.942,表明它们之间具有良好的线性关系。

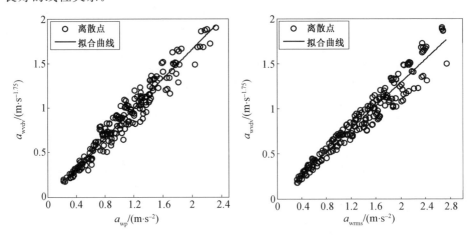

图5.5　振动台试验 a_{wvdv} 与 a_{wp} 和 a_{wrms} 的关系

$$a_{\text{wvdv}} = 0.827\ 6a_{\text{wp}} - 0.001\ 5 \tag{5.7}$$

$$a_{\text{wvdv}} = 0.644\ 2a_{\text{wrms}} + 0.002\ 2 \tag{5.8}$$

同样,计算人致临时看台引起的 3 种结构加速度指标。与振动台试验所用的随机激励波相比,人群运动属于有规律的简谐振动,激励形式不同。统计表 3.3 中所有试验工况结构加速度测点数据,图 5.6(a) 所示为 20 名端坐人群进行 3.0 Hz 摇摆运动所产生的结构加速度曲线,计算各工况的结构加速度曲线峰值、RMS 值和 VDV,如图 5.6(b) 所示,图中横坐标为人群实际的运动频率,纵坐标为计算的加速度参数,圆圈点为峰值,方形点为 RMS 值,菱形点为 VDV 值。

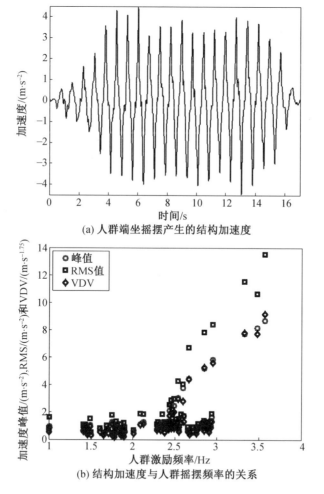

(a) 人群端坐摇摆产生的结构加速度

(b) 结构加速度与人群摇摆频率的关系

图5.6　人群运动引起的看台加速度及其峰值、RMS 值和 VDV 值

从图中离散点分布情况可知,VDV 值能达到 85 m/s$^{1.75}$,将纵坐标范围降低

至 16 m/s$^{1.75}$ 后,大多数工况表明 RMS 值大于峰值,峰值大于 VDV,与振动台试验结果分布类似。当 20 名人群摇摆频率大于 2.5 Hz 之后,VDV 最大,峰值最小,分析所对应的加速度曲线发现曲线值大于 1.0 m/s^2 的时间段多于其他工况,如图 5.6(a) 中曲线峰值表明多数峰值大于 1.0 m/s^2。计算所有试验工况的 C_F 值,均小于 6,图 5.7 所示为 20 名人群人致振动形成的结构 a_{wvdv}/a_{wp} 与 C_F 的关系,发现两者也存在线性关系,并且拟合式为

$$\frac{a_{wvdv}}{a_{wp}} = -0.693\,9C_F + 1.396\,0 \tag{5.9}$$

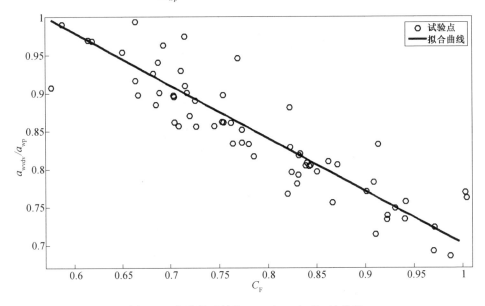

图5.7　人致振动结构 a_{wvdv}/a_{wp} 与 C_F 的关系

分别以 a_{wp}、a_{wrms} 作为横坐标,以 a_{wvdv} 作为纵坐标,整理,如图 5.8 所示,两者与 VDV 都呈现线性关系,其中 $R-$ Square 值均为 0.99,关系式为

$$a_{wvdv} = 0.999\,5a_{wp} - 0.148\,6 \tag{5.10 a}$$

$$a_{wvdv} = 0.687\,3a_{wrms} - 0.031\,6 \tag{5.9 b}$$

通过分析以上两种激励作用的 3 种结构加速度参数,虽然结构承受的激励不同,一个是从底部传输随激波,一个是上部出现近似简谐性波,但是结构加速度 VDV 与 RMS 值和峰值均呈线性关系。值得注意的是,人群协同性运动能够造成临时看台产生很大的动力响应,加速度峰值可以接近 1.0 g,所以非常有必要研究由人群运动所引起的临时看台振动问题。

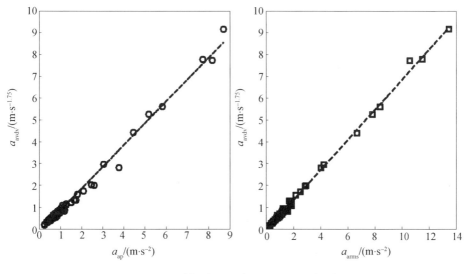

图5.8　人致振动 a_{wvdv} 与 a_{wp} 和 a_{wrms} 的关系

5.3　临时看台结构振动舒适度设计

如 5.2 节所述,即使临时看台在人群协同性运动作用下产生很大的动力响应,结构虽未出现破坏现象,但结构的振动却造成人群出现不舒服的现象。为评价临时看台出现这种状态的临界范围,根据振动台试验外部随机激励和人群运动自激简谐振动所获得的人群振感调查表,研究人群与临时看台振动舒适度问题。

首先确定由振动台外部随机激励得出的舒适度设计指标。根据第 3 章分析的结构动力响应,加速度计A1～A4 为临时看台 4 排座椅的加速度,代表了观众直接感受看台振动的响应值。通过测定并分析台面实际加速度与临时看台座椅处加速度,如图 5.9 所示,随着每种激励幅值的线性增加,看台座椅的加速度基本呈线性增长,这样可以保证测试者对结构的振感遵循 Weber 规律:刺激强度线性增加,人体的主观感觉能够具有更好的振感分辨率,特别是在中、强度振动下,线性关系特别明显。这种连续增量,可以使测试者更好地感觉到刺激差别阈限,区分结构的振感。

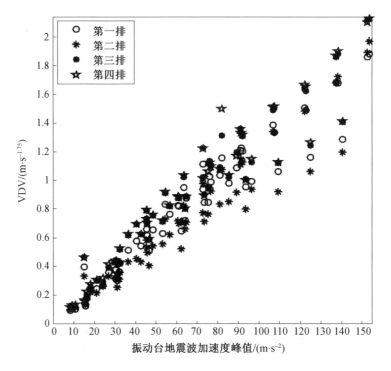

图5.9　振动台激励与看台座椅加速度

　　首先整理端坐测试者记录的调查表结果,采用式(5.1)计算每次振动激励的人群烦恼率并作为纵坐标,以每次振动工况下获得的每排座椅加速度VDV作为横坐标,如图5.10所示。图中圆心实点、十字点、菱形点和方形点,分别为从前至后四排座椅的20名观众承受不同振动强度下的烦恼率分布情况。从图中可知,在低强度下,人群烦恼率分布相对集中,随着结构振动增加,在同一振动强度下,人群烦恼率分布域变大和变宽,表明在该振动强度区域内,人群对于结构振动可能出现一定的感觉适应期,但是当结构振动强度增加到一定程度,人群烦恼率将立即上升,并再次集中分布。同时也表明不同人群在经受相同振动强度时,虽然体现的人群振动烦恼率有所不同,但是处于一定波动范围内。图5.11为人群站立得到的人群烦恼率分布点与图5.10的人群端坐数据对比,星形点为人群端坐时感受结构振动的烦恼率变化,空心圆点为人群站立时感受结构振动的烦恼率分布情况。从图5.11可以明显看出,当结构振动强度增大到一定程度后,站立人群的烦恼率分布开始低于端坐人群,表明在同等人群烦恼率的情况下,人群站立需要的结构强度更大,即人群站立对结构振动的容忍程度大于人群端坐状态。该图中离散点存在一个上限范围和一个下限范围,将所有离散点采

用多项式曲线拟合,即式(5.10)所示:

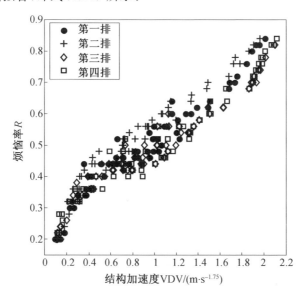

图5.10　端坐人群烦恼率

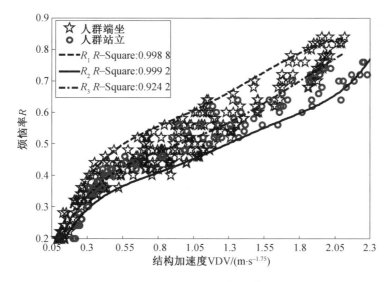

图5.11　站立人群烦恼率

$$R_1 = 0.071\ 9a_{\mathrm{wvdv}}^5 - 0.572\ 2a_{\mathrm{wvdv}}^4 + 1.671\ 0a_{\mathrm{wvdv}}^3 - 2.234\ 0a_{\mathrm{wvdv}}^2 + 1.587\ 0a_{\mathrm{wvdv}} + 0.070\ 7$$

$$(5.10\ \mathrm{a})$$

$$R_2 = 0.117\ 6a_{\mathrm{wvdv}}^5 - 0.735\ 2a_{\mathrm{wvdv}}^4 + 1.75\ 6a_{\mathrm{wvdv}}^3 - 1.978\ 0a_{\mathrm{wvdv}}^2 + 1.222\ 0a_{\mathrm{wvdv}} + 0.060\ 3$$

$$(5.10\ \mathrm{b})$$

$$R_3 = 0.048\ 1a_{\mathrm{wvdv}}^5 - 0.352\ 6a_{\mathrm{wvdv}}^4 + 1.117\ 0a_{\mathrm{wvdv}}^3 - 1.601\ 0a_{\mathrm{wvdv}}^2 + 1.223\ 0a_{\mathrm{wvdv}} + 0.080\ 6$$

$$(5.10\ \mathrm{c})$$

式中　　a_{wvdv}——结构座椅处考虑频率加权的加速度振动剂量值,范围在 $0.10 \sim 2.30\ \mathrm{m/s}^{1.75}$ 之间;

　　　　R_1——烦恼率离散数据上边界拟合曲线(虚线);

　　　　R_2——烦恼率离散数据下边界拟合曲线(实线);

　　　　R_3——烦恼率离散数据平均值拟合曲线(点虚线)。

　　其中,上、下边界曲线拟合的 $R-\mathrm{Square}$(确定系数)为 0.998 8 和 0.999 2,中间平均值曲线 $R-\mathrm{Square}$(方程确定系数)值为 0.924 2,表明曲线拟合式选取合理。

　　从图 5.11 可知,人群烦恼率随结构加速度增加呈非线性增长,如果将纵、横坐标分别取对数,则两者关系如图 5.12 所示,呈线性关系,曲线拟合为

$$\log R_{\mathrm{Static}} = 0.422\ 92\log a_{\mathrm{wvdv}} - 0.276\ 26 \qquad (5.11)$$

式中　　R_{Static}——振动台试验的静态人群烦恼率;

　　　　a_{wvdv}——结构承受随机波激励结构的加速度频率加权 VDV,且取值范围在 $0.1 \sim 2.3\ \mathrm{m/s}^{1.75}$ 之间。

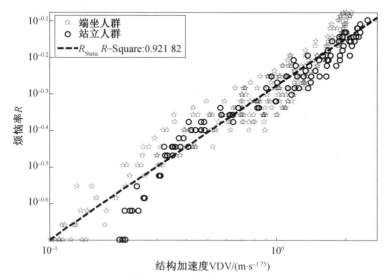

图5.12　经对数处理后振动台试验获得的烦恼率分布

采用振动台激励结构振动以测试人群烦恼率，是模拟静态人群在结构承受随机动态人群引起结构振动时人群的舒适度情况，而采用动态人群测试人群本身舒适度情况，更多的是测试人群在运动状态或者部分人群静态时该区域人群对结构振动的感觉情况。

以人群自身运动引起的结构振动加速度 VDV 作为横坐标，以计算的人群烦恼率为纵坐标，整理表 3.3 中工况 1 ～ 13 人群烦恼率与结构振动强度的关系，由于当 VDV 大于 2.8 m/s$^{1.75}$ 后，人群均表现出已经完全恐慌的状态，烦恼率值为1，故仅考虑烦恼率小于 1 的情况，如图 5.13(a) 所示，方形离散点为人群端坐时的烦恼率，实心圆点为人群站立时的烦恼率。图中离散点分布情况表明，在结构振动达到一定强度后，人群站立状态对结构振动舒适度要求更低，与振动台试验获得的现象类似。如果将两种离散点分布情况采用 3 次多项式拟合，分别如式(5.11a) 和式(5.11b) 所示，SSE 值低于 3.0，$R-\mathrm{Square}$ 值为 0.836 07。

$$R_{\mathrm{Seated}} = 0.077\ 7a_{\mathrm{wvdv}}^{3} - 0.428\ 0a_{\mathrm{wvdv}}^{2} + 0.964\ 2a_{\mathrm{wvdv}} + 0.004\ 1 \quad (5.12\ \mathrm{a})$$

$$R_{\mathrm{Standing}} = 0.058\ 5a_{\mathrm{wvdv}}^{3} - 0.322\ 4a_{\mathrm{wvdv}}^{2} + 0.759\ 4a_{\mathrm{wvdv}} + 0.043\ 0 \quad (5.12\ \mathrm{b})$$

如果将纵横坐标采用对数处理后，结构加速度 VDV 与人群烦恼率呈线性关系，如图 5.13(b) 所示，采用线性拟合式为

$$\log(R_{\mathrm{Crowd}}) = 0.675\ 56\log(a_{\mathrm{wvdv}}) - 0.253\ 58 \quad (5.13)$$

式中　　R_{Crowd}——人群自激振动下人群烦恼率；

　　　　a_{wvdv}——结构承受人群激励作用看台座椅处的加速度频率加权 VDV，且取值范围在 0.1 ～ 2.8 m/s$^{1.75}$ 之间。

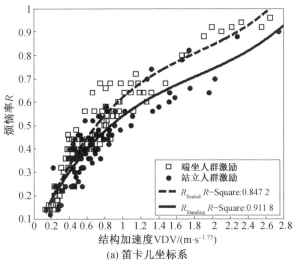

(a) 笛卡儿坐标系

图5.13　人致振动试验获得的人群烦恼率分布

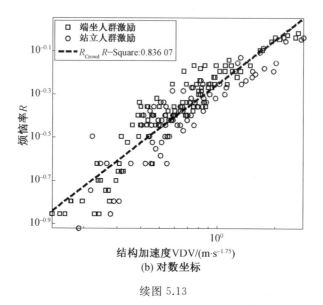

（b）对数坐标

续图 5.13

从图 5.11 和图 5.13 可知，人群烦恼率随结构振动强度的增加，离散点在横向分布较广，表明人群对结构的振动出现一定的适应期，并且在同等振动等级下，离散点在纵向分布扩大，表明人群对于结构的振感和舒适程度度具有一定的波动性，特别是在中等强度下，这些现象非常明显。不仅如此，站立人群对振动舒适度的要求低于端坐人群的这种现象，与 Nhleko 研究的永久看台竖向振动试验体现的人群的舒适度反应类似。与此同时，两种试验获得的烦恼率分布在对数坐标系下都呈现线性关系，所以将以上两种试验获得的烦恼率数据作为整体进行评价，图 5.14 为对数坐标系下试验获得的离散点，不仅包括人群全部站立和端坐状态，而且包括全部人群或摇摆或跳跃，以及部分人群运动部分人群静止等状态所获得的人群振动烦恼率。将离散点进行曲线拟合，如式（5.14）所示，其中式（5.14a）为线性拟合公式，在该式的基础上，两边取 10 的指数，整理得出式（5.14b）：

$$\log R = 0.491\,18\log a_{\text{wvdv}} - 0.276\,07 \tag{5.14 a}$$

$$a_{\text{wvdv}} = 10^{0.562\,05} \cdot R^{\frac{1}{0.491\,18}} \tag{5.14 b}$$

式中　　R——人群烦恼率；

　　　　a_{wvdv}——与人群直接接触的看台座椅加速度频率加权 VDV，且取值范围在 $0.1 \sim 2.8\ \text{m/s}^{1.75}$ 之间。

本节根据烦恼率概念隶属度及其计算值，认为烦恼率 R 在 $0.2 \sim 0.4$ 时人群处于舒适状态，烦恼率 R 在 $0.4 \sim 0.6$ 时人群中有些人出现不舒适，烦恼率 R 在

0.6～0.8 时,认为人群大部分人不舒适。其中,以烦恼率 $R=0.6$ 所对应的结构座椅处加速度 VDV 为人群舒适度设计值的下限,则对应的 VDV 为 1.29 m/s$^{1.75}$,以烦恼率 $R=0.8$ 所对应的结构座椅处加速度 VDV 作为舒适度设计值上限,则对应的 VDV 为 2.32 m/s$^{1.75}$。当烦恼率大于 0.8 时,认为人群不适合长时间处在结构上。

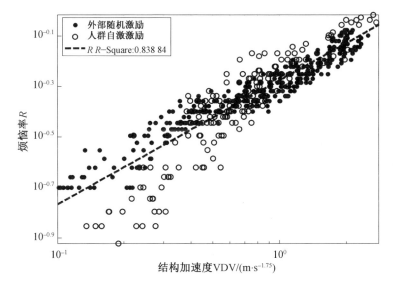

图5.14　临时看台人群烦恼率分布

目前已有规范对交通和工业活动领域的结构振动舒适度规定了相应的限值,图 5.15 为 1987 年颁布的英国规范 BS6841 对舒适度的规定,纵坐标为结构加速度 RMS 值(频率加权后),根据 5 个舒适程度级别,相应给出加速度 RMS 参考值或者参考区间。按照本章给出的烦恼率值,其中人群舒适上限 R 值等于 0.2,有点不舒服上限 R 值等于 0.4,相当不舒服上限 R 值等于 0.6,非常不舒服上限 R 值等于 0.8。首先将将这四种状态 R 值代入式(5.14b)计算其 VDV,然后再分别带入式(5.7b)和式(5.8d),可以得出对应的加速度 RMS 值,如图 5.15 所示。规范规定人群舒适状态结构加速度 RMS 值小于 3.2%g,本章得出舒适状态结构加速度 RMS 值在 2.1%g～5.7%g 之间;规范规定人群有点不舒适状态结构加速度值在 3.2%g～6.4%g 之间,本章得出在 8.7%g～11.4%g;规范给出相当不舒适状态结构加速度值在 5.1%g～16.3%g 之间,本章得出在 17.2%g～20.0%g;规范给出非常不舒适状态结构加速度值在 12.7%g～25.5%g 之间,本章得出在 22.9%g～36.9%g;规范给出极度不舒适状态结构加速度值大于

20.4%g,本章得出大于 36.9%g。两者对比可知,本文得出的规定值大于该规范给定值。这是因为两者在研究内容上有不同之处:① 结构振动方向不同,规范中结构振动方向为竖向,本章研究的结构振动主要为侧向;② 引起结构振动的振源不同,交通工具和机器产生的振动不同于人群运动产生的振动;③ 结构施工方式不同,道路桥梁或者厂房一般采为永久建筑,而本章研究的看台为临时可拆卸结构。另一种原因或许是因为人的主观意识对临时结构特别是临时看台结构存在一种潜意识的不安全感,导致在同等振级下永久结构给人体带来的安全感更强。

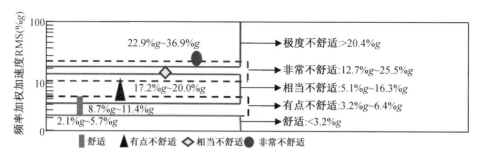

图5.15　　试验结果与规范 BS6841 比较

相比于交通和工业领域的结构,第 1 章中已经总结了相关规范或学者们对于不同结构竖向振动的人群舒适度设计指标,其中包括永久看台,将其对比于图5.16 中,从图中可知,房屋建筑对舒适度的要求高于看台结构,其中IStructE2008 更是将舒适度要求放宽至规范 BS6472 给定的基本设计线的 200倍。而对于临时看台的侧向振动舒适度,本章基于试验给出以临时看台座椅处加速度 RMS 值小于 20.0%g 作为临时看台人群侧向振动舒适度设计范围,该限值高于 NBCC2005 规定值与 Nhleko 的研究结果,但是与 IStructE2008 对永久看台竖向振动舒适度规定的范围相近。

当以 VDV 作为舒适度评价参数时,BRE 在 BS6841 和 BS6472 对 Workshops限值的基础上,进行了扩大以应用到看台结构中,并且给出了 VDV 与感觉的对应值,而 Setaerh 基于 Kasperski 试验数据也提出了人群竖向振动舒适度可适用的限值范围,本节给出的临时看台水平侧向振动舒适度限值,见表5.2。

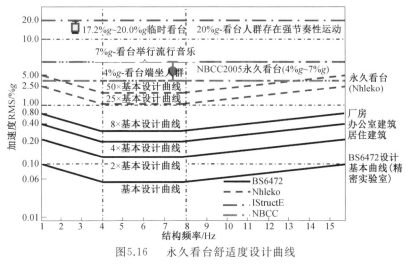

图5.16　永久看台舒适度设计曲线

表5.2　看台振动舒适度结构加速度 VDV 限值

人群对振动心理感觉	永久看台竖向振动 /(m · s$^{-1.75}$)		临时看台侧向振动 /(m · s$^{-1.75}$)
	Kasperski	Setaerh	本节
Reasonable for passive persons	< 0.66	< 0.50	< 0.57
Disturbing	0.66 ~ 2.38	0.50 ~ 3.50	0.57 ~ 1.29
Unacceptable	2.38 ~ 4.64	3.50 ~ 6.90	1.29 ~ 2.32
Probably causing panic	> 4.64	> 6.90	> 2.32
	BRE/(m · s$^{-1.75}$)		
Ok but may be perceptible	< 0.6		
Low probability of adverse comment	0.6 ~ 1.2		
Adverse comment possible	1.2 ~ 2.4		
Adverse comment probable	2.4 ~ 4.8		
Unacceptable	> 4.8		

　　本节研究的临时看台侧向固有频率在 2.5 ~ 3.5 Hz,为了充分考虑不同侧向频率的临时看台振动舒适度,并且参考文献[118]调查的大量临时看台侧向频率基本都在 5 Hz 范围内,规定临时看台侧向固有频率在 1 ~ 5 Hz 之间,借鉴规范 BS6472 给出的以不同结构固有频率为横坐标和加速度 RMS 值为纵坐标形

成的舒适度设计基本线,并结合 ISO10137(2007) 附录 C 中 Figure C.2 的结构水平向振动敏感性曲线斜率,给出了临时看台侧向舒适度设计曲线,如图 5.17 所示。

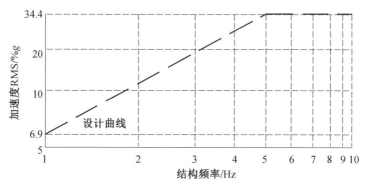

图5.17 临时看台侧向振动舒适度设计曲线

5.4 大型临时看台有限元计算

有限元计算结构响应是结构动力理论分析的主要方法,特别是结构尺寸较大时,因现场试验非常困难,建立合理的有限元模型可以有效地模拟结构响应。参考文献[156-163]虽然采用有限元模拟了临时看台并计算了其动力性能及响应,但并未考虑结构上人群的阻尼效应。本节采用有限元软件 ABAQUS 建立容纳 1 000 人的临时看台模型,模型中结构构件材性及尺寸取自第 3 章试验用的临时看台,见表 5.3。结构整体模型及侧向斜撑布置形式如图 5.18 所示,其中结构斜撑的布置形式采用实地考察的南京青奥会所使用的结构布置形式,如图 1.5(c) 所示。该结构整体尺寸:长 27.9 m、宽 17.0 m、高 8.6 m,侧向斜杆沿竖向"之"字形布置。

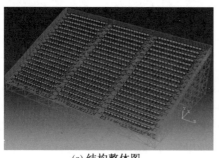

(a) 结构整体图   (b) 结构侧面图

图5.18 结构有限元模型

表5.3　　有限元模型中的构件尺寸及力学参数

构件	弹性模型 /GPa	屈服应力 /MPa	密度 /(kg · m⁻³)	尺寸 /mm
立柱	200	300		半径 = 25.5, 厚度 = 3.5
斜撑	200	200		半径 = 24.0, 厚度 = 3.0
护栏杆	200	200		半径 = 24.0, 厚度 = 3.0
水平杆	200	200	7 850	半径 = 24.0, 厚度 = 3.0
走道板	200	300		厚度 = 1.5
座椅梁	200	300		高×宽×厚 = 100×50×4
斜梁	200	300		高×宽×厚 = 60×40×2.5

走道板采用壳单元(Shell, S4R), 水平杆和斜杆采用桁架单元(Truss, T3D2), 立柱及座椅梁等其他构件均采用梁单元(Beam, B31), 模型共计 67 080 个单元, 其中走道板和座椅支撑构件间接触采用 Tie 接触。钢构件本构模型采用理想弹塑性模型, 泊松比为 0.3。结构模型分析步考虑 3 种过程: 首先计算结构在静力荷载作用下的响应(general, static general); 其次计算结构动力参数 (linear perturbation, frequency); 最后计算结构在人群动力荷载作用下的结构响应(linear perturbation, model dynamics)。底部支座约束简化为铰接支座, 6 个约束中 UR1 和 UR3 不约束, 另外 4 个约束全部限制。

5.4.1　结构动力参数及静力结果

首先确定结构动力参数, 如 X(结构前后)、Y(结构竖向)和 Z(结构左右)方向的频率, 以及对应的结构振型。分析.dat 结果文件, 结构模型质量为 38 437 kg, 当模型考虑结构 15 阶振型后, 水平向结构有效质量 X 方向为 36 671 kg, Z 方向为 35 532 kg, 两者都已经大于模型质量的 90%。虽然竖向有效质量远远小于 90%, 但是由于本节重点关注结构侧向动力响应, 故计算 15 阶振型已经满足分析要求。其中, 每阶振型对应的特征值、频率、集中质量、参与系数及有效质量见表5.4。通过分析表中有效参数系数和有效质量的大小, 当有效参与系数或有效质量越大时, 对应的振型为主振型, 从而对应的频率为主频率, 表中加粗数字为最大值, 对应的结果为: X 方向的主振型为第 8 阶振型, 对应的频率为9.24 Hz; Z 方向的主振型变化范围较大, 处于振型 1 至振型 7 之间, 频率在1.62 ∼ 6.44 Hz 变化。由此, 通过有限元也表明了临时看台在左右方向的频率最小, 并且主频变化在人群运动频率范围内。

表5.4　有限元模型计算的结构特征参数

振型数	特征值	频率/Hz	集中质量/kg	有效参与系数 $\times 10^{-5}$		
				X	Y	Z
1	103.4	1.62	834.2	$-37.0(12)$	3(0.07)	$135\ 730(1.54 \times 10^8)$
2	148.3	1.94	772.6	9.7(0.7)	0.8(0.005)	$137\ 700(1.47 \times 10^8)$
3	599.5	2.90	539.9	214(247)	3(0.06)	$183\ 280(1.81 \times 10^8)$
4	979.8	4.98	521.4	20(2.2)	37(7.2)	$247\ 290(3.19 \times 10^8)$
5	1 086.6	5.25	830.7	78(51)	23(4.5)	$97\ 217(7.85 \times 10^7)$
6	1 395.4	5.95	1 047.6	148(229)	72(54)	$200\ 950(4.23 \times 10^8)$
7	1 636.8	6.44	4 839.4	$-148(1\ 062)$	$-82(326)$	$-213\ 280(2.2 \times 10^9)$
8	3 375.5	9.25	7 903.0	$215\ 390(3.7 \times 10^9)$	$-2\ 849(6.4 \times 10^5)$	$-59(272)$
9	3 531.1	9.46	5 049.3	3 587(649 790)	$-23(27)$	$-17\ 128(1.48 \times 10^7)$
10	4 886.8	11.13	636.3	94(56)	$-41(11)$	$14\ 608(1.35 \times 10^6)$
11	4 990.9	11.24	332.3	475(750)	$-27(2.4)$	$9\ 055(2.73 \times 10^5)$
12	6 564.9	12.90	459.0	113(59)	$-37(6.3)$	$47\ 575(1.03 \times 10^7)$
13	7 450.5	13.74	84.9	2 353(4 704)	$-497(20\ 998)$	$-57\ 898(2.85 \times 10^6)$
14	7 518.7	13.80	132.1	1 651(3 602)	$-341(15\ 325)$	$-12\ 221(1.97 \times 10^5)$
15	8 226.4	14.44	3.8	17 989(12 416)	$-35\ 580(48\ 626)$	$-1\ 803(125)$

　　每一主频对应的结构振型,如图5.19所示。图5.19(a)显示结构前后方向振型,最明显的变化为结构最底层立柱发生平面内弯曲形态;图5.19(b)～(h)分别为结构左右方向第一阶至第七阶振动的变化,其中前四阶结构振型显示了结构在不同榀间的单波弯曲形态,而第五阶和第六阶显示了不同榀间的双波弯曲形态,第七阶振型表明结构除在同一榀面内出现双波形态,并且还出现了空间扭转形态。结合第3章测试的结构侧向瞬时振动形态,虽然实测结构尺寸较小,但是体现的形态变化与理论预测的结果有相似之处。

　　分析结构承受静力时结构响应。荷载值按第2章表2.5中最不利的工况取值,因看台有限元模型的人均占用面积为 0.425 m²,故竖向荷载标准值取5.20 kN/ m²,水平荷载标准值分别为:左右方向10%竖向荷载,即0.52 kN/m;前后方向1.37 kN/m。模型的荷载设计值分别在以上3个数的基础上乘以1.4。计算静力状态下结构最大应力和最大变形,如图5.20所示。图中显示结构构件立柱应力最大,且最大值为 256 MPa,同样立柱变形值最大,最大值为30 mm。

　　分析临时看台在人群作用下的动力响应时,以下两节内容分别考虑了人群摇摆和人群跳跃两种激励作用,目的是获得结构在不同荷载激励和不同人群数量以及考虑人群质量－阻尼－弹簧系统情况下,结构响应的变化情况。

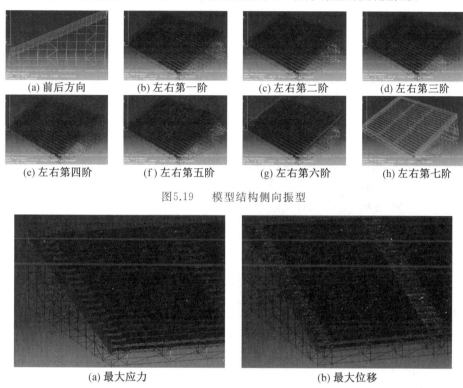

(a) 前后方向　　(b) 左右第一阶　　(c) 左右第二阶　　(d) 左右第三阶

(e) 左右第四阶　　(f) 左右第五阶　　(g) 左右第六阶　　(h) 左右第七阶

图5.19　　模型结构侧向振型

(a) 最大应力　　　　　　　　　　(b) 最大位移

图5.20　　静力作用下结构最大应力和位移

5.4.2　摇摆作用下结构动力响应

摇摆荷载选取第 4 章图 4.2 的 9 种摇摆频率的无量纲荷载曲线,摇摆频率 f 在 $1.0 \sim 1.8$ Hz 之间,并以单人自重为 70 kg 计算的摇摆荷载值作为每个人体的荷载曲线,荷载峰值为 140 N。在 ABAQUS 软件的 Step 模块 Model dynamic 添加动力分析步骤,并在 Load 模块施加 Surface traction 力,由于模型中采用 0.24 m ×0.18 m 作为人体脚部占用面积,故 Magnitude 值为 23.15。在考虑人群作用时,分别考虑了 3 种人群情况:①1 000 人同步性为 100% 的摇摆运动;②235 人同步性为 100% 的摇摆运动;③235 人非同步性的摇摆运动。

模拟最不利工况,即所有人站立状态进行同步性摇摆运动。其中,人群模型一是将其看做空间多点力,二是将人体看作质量－阻尼－弹簧系统,人群为空间多点单自由度且提供荷载,其中动态人群频率设为 2.1 Hz,阻尼比为 0.2,人体质量为模型有效质量,则人体模型刚度为 12 175 N/m,阻尼为369 N·s/m。依次计算了这两种模型在 9 种摇摆荷载作用下结构 25 s 的动力响应。

当人群仅看做空间多点动力荷载时,虽然结构出现最大应力位置在第 1 排第 2 列的立柱底部(图 5.21(a)),但是结构出现最大位移区域并不固定,一般在结构中部区域(图 5.21(c)),提取结构最大应力和位移,发现结构应力(Mises 应力)随摇摆荷载频率先增大后减小,当摇摆频率为 1.2 Hz 时最大应力为 75.6 MPa,远小于材料屈服应力 300 MPa,而结构最大侧向位移值随着摇摆荷载频率的变大也是先增大后减小,且摇摆频率为 1.6 Hz 时最大位移为22.2 mm。

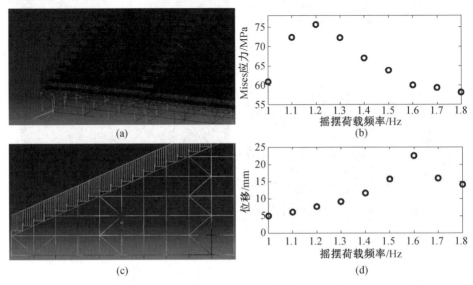

图5.21　结构出现明显响应的区域及响应峰值随摇摆频率变化的情况

由于人群对结构振动的感觉更多来自脚底走道板的振动,为此分别提取了每一排走道板相同位置区域的加速度 VDV,其分布情况如图 5.22 所示。图中横坐标排数 1～20 分别代表结构从前面第 1 排至最后第 20 排,数据点的分布表明,随着排数的增大,VDV 变化规律基本相同,即 VDV 逐渐变大。当摇摆荷载频率为 1.2 Hz 时,结构 VDV 最大,并且最大值为 1.33 m/s$^{1.75}$,该值处于表 5.2 不可接受的限定值范围内,而与之对应的 RMS 值为 2.48 m/s^2,小于图 5.17 的振动舒适度限定值。

整理了人群为质量－阻尼－弹簧系统的结构响应,其中结构某时刻的结构加速度云图如图 5.23(a) 所示。为了与人体仅考虑荷载的结果相比较,分别提取了同一节点的结构应力、位移以及结构每排加速度 VDV 的变化情况,分别如图 5.23(b)～(d) 所示。其中,图 5.23(b) 和(c) 显示结构 Mises 应力明显增大,特别是在摇摆荷载频率大于 1.5 Hz 之后,应力已经大于材料屈服强度,并且位

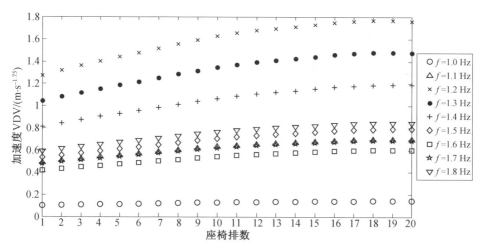

图5.22　结构每排加速度 VDV 分布情况

移也呈明显增大趋势,最大位移值达 115 mm,相比于图 5.21,数值变大并且变化趋势也发生改变,即随摇摆荷载频率增大,结构响应相应变大。除此之外,图 5.23(d) 也显示了每排座椅处加速度 VDV 随摇摆频率变大也在逐渐增大,并且在摇摆频率为 1.8 Hz 时,最大 VDV 为 3.10 m/s$^{1.75}$,已经大于表 5.2 的限值 2.32 m/s$^{1.75}$,对应 RMS 值 9.30 m/s^2 也已大于图 5.17 的设计线。由此可以说明,当人体考虑质量－阻尼－弹簧体系时,结构响应反而增大,并且会导致结构不满足安全和舒适度的要求。

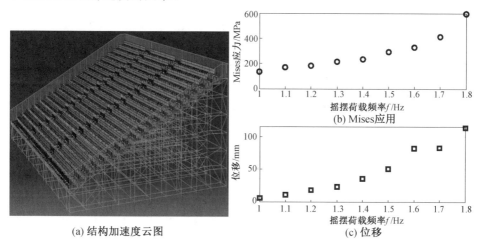

(a) 结构加速度云图

(b) Mises应用

(c) 位移

图5.23　人体模拟为质量－阻尼－弹簧体系后结构响应

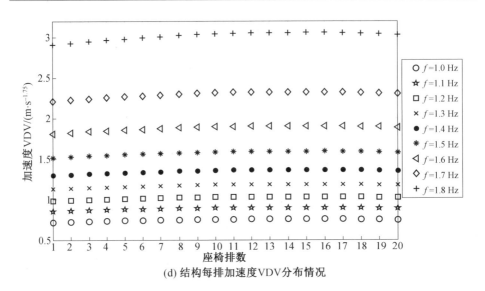

(d) 结构每排加速度VDV分布情况

续图 5.23

以上计算是假定所有人进行同步性 100% 的摇摆运动,是一种极端情况。实际情况下,看台上会存在一部分人群运动,而另一部分人群处于相对静止状态,特别是对于专业啦啦队,一般安排在看台中部区域进行有节奏运动,而其他区域人群可能处于端坐或站立状态。为此模拟了以看台中部区域 5 排(第 8 ~ 12 排)共计 235 人站立状态进行 100% 同步性摇摆运动,剩余 765 人静止站立状态情况。其中,单自由度静态人群频率设定为 2.0 Hz,阻尼比为 0.3,0.7 倍的人体质量为模型有效质量,则人体模型刚度为 11 043 N/m,阻尼为 352 N·s/m。为了不失一般性,仅分析在摇摆频率为 1.8 Hz 荷载作用下结构响应变化情况。其中,最大 Mises 应力为 143 MPa,已经低于材料屈服强度,而对应节点位移为 28 mm,远低于 1 000 人摇摆模型的 115 mm。整理每排座椅走道板处加速度 VDV,如图 5.24(a) 所示,走道板加速度 VDV 随座椅排数先增大后减小,其中在人群摇摆区域最大,为 1.545 m/s$^{1.75}$,该值仍在表 5.2 不可接受的限定值范围内,而对应的最大 RMS 值为 2.4 m/s^2,表明该情况下人群可能出现不舒适情况。以上摇摆方向均为同向摇摆,如果将第 9 排和第 11 排反方向摇摆,计算 20 排座椅处走道板 VDV 如图 5.24(b) 所示,VDV 明显降低,最大值为 0.69 m/s$^{1.75}$,已经满足舒适度设计值。由此可以表明,改变人群摇摆方向可以有效地降低结构振动响应。

以上荷载工况考虑人群为专业性啦啦队,同步性会较高。如果考虑普通人群在进行摇摆荷载时,同步性并非 100%。为此,本节在模拟 1.8 Hz 摇摆荷载曲

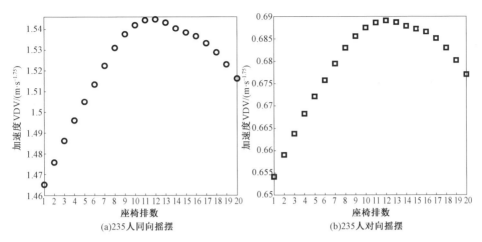

图5.24 235 名人体 100% 同步性摇摆作用下结构座椅处加速度 VDV

线时,采用式(2.14) 再生了 235 条摇摆荷载,其中式中参数按照 2.4.2 节内容选取,每条摇摆曲线都各不相同,具有明显的非同步性。之后将这 235 条荷载曲线作为有限元模型的荷载激励,获得结构对应节点应力和位移,其中最大 Mises 应力为 70 MPa,最大位移为 13.6 mm,相比于 100% 同步性摇摆,数值降低。

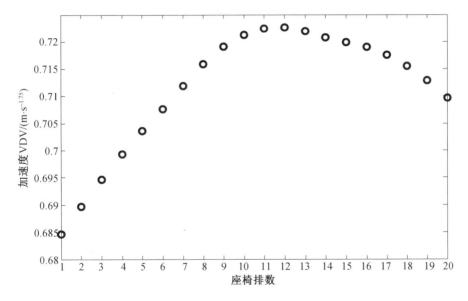

图5.25 235 名人群随机摇摆作用下结构座椅处加速度 VDV

计算每排座椅处走道板 VDV 的结果如图 5.25 所示,虽然离散点随座椅排数变化趋势不变,但是数值小于 100% 同步性同向摇摆却大于 100% 同步性相向摇摆。由此表明,当人群可能进行较高同步性摇摆时,改变摇摆方向或者降低摇摆同步性,都能有效地降低结构响应。

频域分析。对比以上 4 种模型结构频率,当不考虑人体为单自由度系统时,结构前六阶侧向频率为表 5.4 结果,当考虑人体为单自由度体系时,得出结构侧向振型主要体现前三阶,对应固有频率见表 5.5,结构上人后频率降低,从第二阶 1.94 Hz 降至 1.85 Hz(1 000 人摇摆)和 1.79 Hz(235 人摇摆和 765 人相对静止),而第三阶频率从 2.90 Hz 降至 1.94 Hz(1 000 人摇摆)和 1.89 Hz(235 人摇摆和 765 人相对静止)。上人后结构频率的降低现象与第 3 章试验结果一致。

表5.5　　　结构侧向频率　　　　　　　　　　　　Hz

阶数	仅考虑荷载	1 000 人摇摆单自由度	235 人摇摆单自由度和 静止人群单自由度
1	1.62	1.62	1.62
2	1.94	1.85	1.79
3	2.90	1.94	1.88

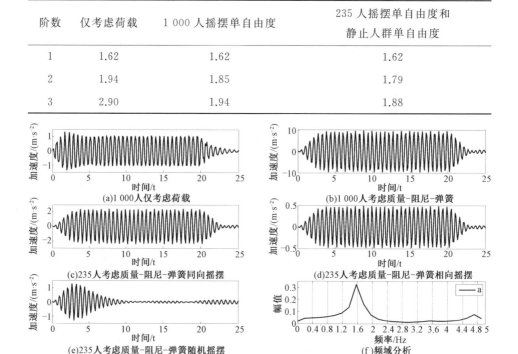

图5.26　　结构加速度时程曲线及人体仅看作荷载时频域分析

除此之外,分析结构某点最后 5 s 衰减过程结构所体现的频率。以摇摆荷载频率 1.8 Hz 模型为例,其中图 5.26 为结构立杆同一节点加速度时程曲线,图 5.27 为后 5 s 衰减曲线对应的频域结果。其中,时程曲线变化形式与实测结构曲线形式相似(图 3.47 和图 3.38),曲线峰值表明,当人群看作空间多点质量 — 阻尼 — 弹簧系统时,相比于人体仅为荷载时结构响应明显增大,而 235 人同向摇摆产生的结构响应大于 235 人相向摇摆,235 人随机摇摆产生的结构响应出现明显

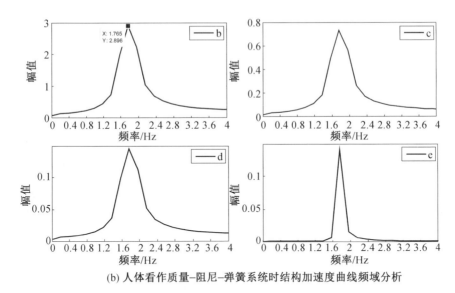

(b) 人体看作质量–阻尼–弹簧系统时结构加速度曲线频域分析

图5.27　　人体看作质量－阻尼－弹簧系统时结构加速度曲线频域分析

衰减现象,但是最大瞬时峰值仍然大于 235 人 100% 同步相向摇摆的结果。分析结构体现的频率,当人体仅看作荷载时,结构出现第一阶主频为 1.57 Hz,第二阶主频为 4.70 Hz,而将人体考虑为质量－阻尼－弹簧系统时,结构仅体现第一阶主频为 1.76 Hz。

5.4.3　跳跃作用下结构动力响应

跳跃竖向荷载选取第 4 章图 4.13 的 9 条曲线,跳跃荷载频率 f 在 2.0 ～ 2.8 Hz 之间,人体自重选取 70 kg,峰值比取 3.5,峰值为 2 400 N。跳跃水平荷载按第 2 章式(2.13)计算,荷载曲线如图 5.28 所示。综合考虑上述摇摆作用模型计算结果,人群全部跳跃是一种极端情况,为了不失一般性,跳跃作用模型计算仅考虑中部 5 排区域 235 人跳跃情况,结合第 4 章结果,竖向人群跳跃频率取 3.0 Hz,阻尼比取 0.2,则动态人体模型刚度为 24 846 N/m,阻尼为 528 N·s/m;竖向静态人群频率取 2.0 Hz,阻尼比取 0.5,则静态人体模型刚度为 11 042 N/m,阻尼为 879 N·s/m。

跳跃人体仅提供荷载,静态人体按自重 70 kg 施加在结构上。当结构承受 9 种跳跃频率下 3 个方向跳跃荷载时,虽然竖向荷载值远大于水平向荷载,但是提取的结构响应为 3 个方向力的耦合作用结果。其中,结构应力和位移与跳跃频率的变化曲线如图 5.29(a)、(b) 所示,应力变化范围在 190 ～ 215 MPa 之间,满

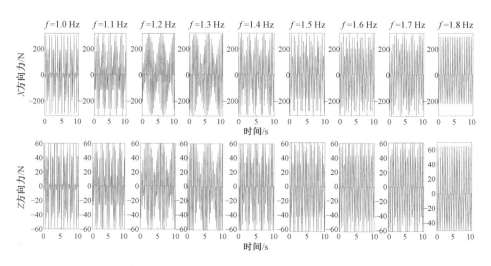

图5.28 跳跃水平方向荷载

足材料屈服强度,而结构最大位移则不大于 5 mm。对比不同摇摆频率下结构每排座椅处走道板加速度 VDV 变化情况,如图 5.28(c) 所示,随着排数增大,VDV 先增大后减小,这与人群只在中部区域跳跃相对应,其中跳跃荷载为 2.8 Hz 时走道板 VDV 最大,其中最大值为 0.84 m/s$^{1.75}$,满足舒适度设计值。

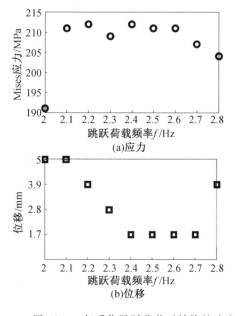

图5.29 仅看作跳跃荷载时结构的响应

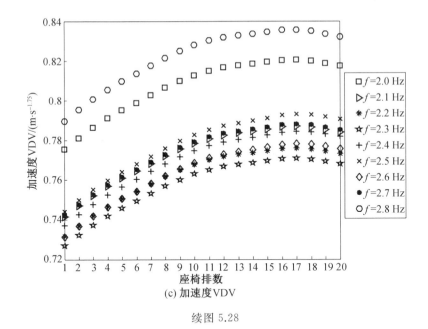

续图 5.28

当人体跳跃考虑质量－阻尼－弹簧系统时,为了不失一般性,仅考虑跳跃频率 2.8 Hz 工况。计算模型发现结构杆件最大应力不超过 1.0 MPa,而位移不超过 1.0 mm,每排座椅加速度 VDV 小于 0.10 m/s$^{1.75}$。同样采用随机跳跃荷载结构响应仍然很小。以上结果表明当 235 人同时跳跃时,仅考虑人体荷载的结构响应明显大于考虑人体为质量－阻尼－弹簧的模型结果。

5.5   本章小结

本章基于特定的可拆卸承插式节点组成的临时看台,通过获取的多人群、多状态的人群振动感觉意向调查表,采用概念隶属度和烦恼率方法,对临时看台振动舒适度进行了研究,并采用有限元建立了大型临时看台模型,计算了不同人群运动作用的结构响应,得到以下研究结果:

(1)随机振动激励和人致协同振动激励作用下,该看台结构 VDV、RMS 值及峰值三者之间分别在 XY 坐标系和双对数坐标系下满足线性关系。

(2)基于模糊模型概念隶属度函数和烦恼率算法,得出试验结构舒适度限定值 VDV 在 1.29 ～ 2.32 m/s$^{1.75}$ 之间(RMS 值 12.7 ～ 25.5％g),给出了不同固有频率临时看台侧向振动舒适度设计参考值。

（3）建立1 000人临时看台有限元模型，计算了人群摇摆和人群跳跃作用下结构的响应，发现结构在承受摇摆荷载作用时，如将人群考虑空间多点单自由度系统，结构响应变大，而结构承受跳跃时人群效应使得结构响应降低。

参 考 文 献

[1]SETAREH M. Evaluation and assessment of vibrations owning to human activity[J]. Structures and Buildings, 2012,165(SB5)：219-230.

[2]沙海昂注.马可波罗行纪[M]. 冯承钧,译. 北京:中华书局,2004.

[3]JAMES A, HANNA M. Emergency preparedness guidelines for mass, crowd-intensive events[R]. Office of Critical Infrastructure Protection and Emergency Preparedness Canada, 1995.

[4]BRITOV L, PIMENTAL R L. Cases of collapse of demountable grandstands[J]. Journal of Performance of Constructed Facilities,2009,23:151-159.

[5]SACHSE R, PAVIC A, REYNOLDS P. Human-structure dynamic interaction in civil engineering dynamic：aliterature review[J]. Shock and Vibration,2003, 35(1)：3-18.

[6]DALLARD P, FITZPATRICKA, FLINT A, et al. The London millennium footbridge[J]. The Structural Engineer, 2001, 79(22)：17-33.

[7]DALLARD P, FITZPATRICKA, FLINT A, et al. London millennium bridge：pedestrian-induced lateral vibration[J]. Journal of Bridge Engineering, 2001, 6(6)：412-417.

[8]KASPERSKI M. Actual problems with stand structures due to spectator induced vibrations[C]//Proceedings of the 3rd European Conference on Structural Dynamics, Florence, Italy, 1996, 1:455-461.

[9]ELLISB R, JI T. Human-structure interaction in vertical vibrations[J]. Proceedings of the Institution of Civil Engineering-Structures and Buildings, 1997, 122(1)：1-9.

[10]JIT. On the combination of structural dynamics and biodynamics methods in the study of human-structure interaction[C]//Proceedings of the 35th United Kingdom Group Meeting on Human Response to Vibration, Southampton, UK, 2000：13-15.

[11]JI T. Understanding the interactions between people and structures[J]. The Structural Engineer，2003，81(4)：12-13.

[12]RACIC V，PAVIC A. Stochastic approach to modelling of near-periodic jumping loads[J]. Mechanical Systems and Signal Processing，2010，24：3037-3059.

[13]SAUL W E，TUAN C Y. Review of live loads due to human movements [J]. Journal of Structural Engineering，1986，112(5)：995-1004.

[14]何强，李斌，葛勇. 环境振动舒适度评价指标及方法研究进展[J]. 重庆工商大学学报，2012，29(6)：71-78.

[15]魏杰，陈瑞生，吴剑国，等. 基于烦恼率的大跨度预应力楼盖舒适度评价[J]. 浙江建筑，2015，32(1)：19-23.

[16]TMC. Tents，marquees and grandstand seating，guidance for the design and construction of temporary demountable structures 9 grandstands[S]. Technical Management Consultant，2008.

[17]HSL. Identification of safety good practice in the construction and deconstruction of temporary demountable structures[S].Health and Safety Laboratory，2011.

[18]JI T，ELLIS B R.Floor vibration induced by dance type loads：theory[J]. The Structural Engineer，1994，72(3)：37-44.

[19]JI T，ELLIS B R.Floor vibration induced by dance-type loads：verification [J]. The Structural Engineer，1994，72(3)：45-50.

[20]ELLIS B R，LITTLER J D. Response of cantilever grandstands to crowd loads. part 1：serviceability evaluation[J]. Proceedings of the Institution of Civil Engineers-Structures and Buildings，2004，157(4)：235-241.

[21]ELLIS B R，LITTLER J D. Response of cantilever grandstands to crowd loads：part 2：load estimation[J]. Proceedings of the Institution of Civil Engineers-Structures and Buildings，2004，157(SB5)：297-307.

[22]TUAN C Y，SAUL W E.Loads due to spectator movements[J]. Journal of Structural Engineering，1985，111(2)：418-438.

[23]MORELAND R. The weight of a crowd[J]. Engineering，1905，79：551.

[24]EBRAHIMPOUR A，SACK R L，SAUL W E，et al. Measuring dynamic occupant loads by microcomputer[C]//Proceedings of the Proceedings of the Ninth Conference：Electronic Computation，Birmingham，AL，USA，

1986: 328-338.

[25]EBRAHIMPOUR A, SACH R L. Statistical analysis of occupant dynamic Loads[C]//Proceedings of the 5th ASCE Specialty Conference: Probabilistic Methods in Civil Engineering, Blacksburg, VA, USA, 1988: 364-367.

[26]EBRAHIMPOUR A, SACK R L. Modeling dynamic occupant loads[J]. Journal of Structural Engineering, 1989, 115(6): 1476-1496.

[27]RACIC V, PAVIC A, BROWNJOHN J M W. Modern facilities for experimental measurement of dynamic loads induced by humans: aliterature review[J]. Shock and Vibration, 2013, 20:53-67.

[28]JONES C A, REYNOLDS P, PAVIC A. Vibration serviceability of stadia structures subjected to dynamic crowd loads: aliterature reviews[J]. Journal of Sound and Vibration, 2011, 330:1531-1566.

[29]GINTY D, DERWENT J M, JI T. The frequency ranges of dance-type loads[J]. Journal of Structure Engineering, 2001, 79(6): 27-31.

[30]LITTLER J D. Frequencies of synchronized human loading from jumping and stamping[J]. Journal of Structure Engineering, 2003, 18(22): 27-35.

[31]PERNICA G. Dynamic load factors for pedestrian movement and rhythmic exercises[J]. Canada Acoust, 1990, 18(2): 3-18.

[32]ALLEN D E, RAINER J H, PERNICA G. Vibration criteria for assembly occupancies[J]. Canada Journal of Civil Engineering, 1985, 12(3): 617-623.

[33]RAINER J H, PERNICAG, ALLEN D E. dynamic loading and response of footbridges[J]. Canada Journal of Civil Engineering, 1986, 15(1): 66-71.

[34]PERNICA G. Dynamic load factors for pedestrian movement and rhythmic exercises[J]. Canada Acoust, 1990, 18(2): 3-18.

[35]ELLIS B R, JI T. Loads generated by jumping crowds: numerical modelling[J]. Journal of Structure Engineering, 2004, 82(17): 35-40.

[36]SIM J H H, BLAKEBOROUGH A, WILLIAMS M. Statistical model of crowd jumping[J]. Journal of Structural Engineering, 2008, 134(12): 1852-1861.

[37]NHLEKO S, ZINGONI A, MOYO P. A variable mass model for descri-

bing load impulses due to periodic jumping[J]. Engineering Structures, 2008, 30:1760-1769.

[38]RACIC V, PAVIC A. Mathematic model to generate asymmetric pulses due to human jumping[J].Journal of Engineering Mechanics,2009,135 (10): 1206-1211.

[39]RACIC V, PAVIC A. Mathematic model to generate near-periodic human jumping force signals[J]. Mechanical Systems and Signal Processing, 2010, 24:138-152.

[40]RACIC V, BROWNHOHN J M W, PAVIC A. Reproduction and application of human bouncing and jumping forces from visual marker data[J]. Journal of Sound and Vibration,2010, 329:3397-3416.

[41]JI T, ELLIS B R.Evaluation of dynamic crowd effects for dance loads [C]//Proceedings of IABSE International Colloquium on Structural Serviceability of Buildings, Goteborg, Sweden, 1993: 165-172.

[42]EBRAHIMPOUR A, FITTS L L. Measuring coherency of human induced rhythmic loads using force plates[J]. Journal of Structural Engineering, 1996, 829:11-15.

[43]EBRAHIMPOUR A, SACK R L, PATTEN W N. Measuring and modeling dynamic loads imposed by moving crowds[J]. Journal of Structural Engineering,1996, 122(12): 1468-1474.

[44]TUAN C Y. Sympathetic vibration due to coordinated crowd jumping[J]. Journal of Sound and Vibration, 2004, 269:1083-1098.

[45]PARKHOUSE J G, EWINS D J. Crowd induced rhythmic loading[J]. Proceedings of the Institution of Civil Engineers, Structures and Buildings, 2006, 159(SB5): 247-259.

[46]EBRAHIMPOUR A, SACK R L. Design live loads for coherent crowd harmonic movements[J]. Journal of Structural Engineering, 1992, 118 (4): 1121-1136.

[47]CIGADA A, ZAPPA E. Analysis of jumping crowd on stadium stands through image processing to security purpose[C]//Proceedings of the 2006 Institute of Electrical and Electronics Engineers(IEEE): International Workshop on Measurement Systems for Homeland Security, Contraband Detection and Personal Safety, USA, 2006:56-61.

[48]MAZZOLENI P，ZAPPA E. Human induced dynamic loads estimation based on body motion[C]//Proceedings of the Society for Experimental Mechanics Series 9：Sensors，Instrumentation and Special Topics，Jacksonville，FL，United States，2011：119-125.

[49]谭寰,赵永磊,陈隽. 人群跳跃荷载中的协同性因子试验研究与应用[J]. 工程力学,2016,2:145-151.

[50]陈隽,王玲,王浩祺. 单人跳跃荷载模型及其参数取值[J]. 同济大学学报（自然科学学报）,2014,42(6)：859-866.

[51]陈隽,王玲,陈博,等. 跳跃荷载动力特性与荷载模型实验研究[J]. 振动工程学报,2014,27(1)：16-24.

[52]赵永磊. 人群跳跃荷载实验建模及其应用研究[D].上海:同济大学,2013.

[53]王玲. 跳跃激励动力特性实验与荷载模型研究[D].上海:同济大学,2012.

[54]秦卫红,惠卓,徐瑞俊等. 基于多随机变量的人致荷载模拟方法[J]. 建筑结构学报,2010,S2:125-130.

[55]刘进军,肖从真,潘宠平,等. 跳跃和行走激励下的楼盖竖向振动反应分析[J]. 建筑结构,2009,38(11)：101-110.

[56]PAVIC A，YU C H，BROWNJOHN J W M，et al. Verification of the existence of human-induced horizontal forces due to vertical jumping[C]//Proceedings of the IMAC-XX：a Conference on Strucutral Dynamic，Los Angeles，United States,2002：120-126.

[57]TI J，ELLIS B R，BELL A J. Horizontal movements of frame structures induced by vertical loads[J]. Proceedings of the Institution of Civil Engineers Structures and Buildings 156，2003,(SB2)：141-150.

[58]TILDEN C J. Kinetic effects of crowds[J]. Proceeding of the American Association of Civil Engineers,1913，34(3)：325-340.

[59]HOMAN S W，BOASE A J，RAIDER C J，et al. Horizontal forces produced by movements of the occupants of grandstand[J]. American Standards Association Bulletin，1932，3(4):115-123.

[60]YAO S，WRIGHT J R，YU C H，et al. Human-induced swaying forces on flexible structures[J]. Proceedings of the Institution of Civil Engineers：Structures and Buildings，2005，158(2)：109-117.

[61]NHLEKO S，WILLIAMS M S，BLAKEBOROUGH A，et al. Horizontal dynamic forces generated by swaying and jumping[J]. Journal of Sound

and Vibration,2013，332:2856-2871.

[62]曹文斌. 人-结构系统水平振动试验和理论模型研究[D]. 广州:广州大学，2014.

[63]麦镇东. 临时看台水平动态荷载及其抗侧刚度有效性研究[D]. 广州:广州大学,2015.

[64]DIECKMANN D. Influence of vertical mechanical vibrations human[J]. European Journal of Applied Physiology and Occupational Physiology 1957，16:519-564.

[65]MARTIN G R T，GRIFFIN M J. Available parameter single degree-of-freedom model for predicting the effects of sitting posture and vibration magnitude on the vertical apparent mass of the human body[J]. Industrial Health，2010，48:654-662.

[66]SACHSER，PAVIC A，REYNOLDS P. Parametric study of modal properties of damped two-degree-of-freedom crowd-structure dynamic system [J]. Journal of Sound and Vibration，2004，274:461-480.

[67]WEI L，GRIFFIN M J. Mathematical model for the apparent mass of the seated human body exposed to vertical vibration[J]. Journal of Sound and Vibration,1998，212:855-874.

[68]FARIRLEY T E，GRIFFIN M J. The apparent mass of the seated human body in the fore-and-aft and lateral directions[J]. Journal of Sound and Vibration 1990，139(2)：299-306.

[69]GAO J H，HOU Z C，HE L，et al. Vertical vibration characteristics of seated human bodies and a biodynamic model with two degrees of freedom [J].Technological Sciences，2011，54(10)：2776-2784.

[70]MATSUMOTO Y，GRIFFIN M J. Mathematical model for the apparent masses of standing subjects exposed to vertical whole body vibration[J]. Journal of Sound and Vibration,2003，260:431-451.

[71]HOLMLUND P，LUNDSTROM R. Mechanical impedance of the human body in the horizontal direction[J]. Journal of Sound and Vibration，1998，215(4)：801-812.

[72]GRIFFIN M J. Handbook of human vibration[M]. London ：Academic Pres.,1990.

[73]COERMANN R R. The mechanical impedance of the human body in sit-

ting and standing position at low frequencies[J]. Human Factors, 1962, 4:227-253.

[74]FOSCHI R O,NEUMANN G A, YAO F, et al. Floor vibration due to oc-cupants and reliability-based design guidelines[J]. Canadian Journal of Civil Engineering, 1995, 22(3): 471-479.

[75]BROWNJOHN J M W. Energy dissipation in one-way slabs with human participation[C]//Proceedings of the 2nd SPIE International Conference on Experimental Mechanics: Asia Pacific Vibration Conference,Nanyang Technological University,1999: 156-160.

[76]ZHENG X H, BROWNJOHN J M W. Modeling and simulation of hu-man-floor system under vertical vibration [C]//Proceeding of SPIE: Smart Structures and Materials-Smart Strucutres and Integrated Systems, Newport Beach, CA, United States, 2001, 4327:513-520.

[77]IStructE/DCLG/DCMS. Dynamic performance requirements: recommen-dations for management, design and assessment[S]. London:Joint Work-ing Group, 2008.

[78]PEDERSEN L. Some implications of human-structure interaction[C]// Proceeding of the 31th IMAC:a Conference on Structural Dynamics,Gar-den Grove, CA, United States, 2013: 155-161.

[79]BRITOV P, NATALY A, PIMENTAL R L, et al. Modal tests and mod-el updating for vibration analysis of temporary grandstand[J],Advances in Structural Engineering, 2014, 17(5): 721-734.

[80]LITTLER J D. Full-scale testing of large cantilever grandstands to deter-mine their dynamic response[C]//Proceeding of the 1st International Con-ference and Exhibition on the Design, Construction and Operation of Sta-dia, Arenas, Grandstands and Supporting Facilities, Cardiff, Wales, 1998: 123-134.

[81]ELLIS B R, JI T, LITTLER J D. The response of grandstands to dynamic crowd loads[J]. Proceedings of the Institution of Civil Engineerings-Struc-tures and Buildings, 2000, 140:355-365.

[82]DOUGILL J W, WRIGHT J R, PARKHOUSE J G, et al. Human-struc-ture interaction during rhythmic bobbing[J]. The Structural Engineer, 2006, 84:32-39.

[83]DICKIE J F. Demountable grandstand[J]. The Structural Engineer, 1983, 61A(3): 81-86;

[84]BROWNJOHN J M W. Energy dissipation from vibrating floor slabs due to human-structure interaction[J]. Shock and Vibration, 2001, 8: 315-323.

[85]PEDERSEN L. Experimental investigation of dynamic human-structure interaction[C]//Proceeding of the Society for Experimental Mechanics Series IMAC-XXIV: Conference and Exposition on Structural Dynamic-Looking Forward: Technologies for IMAC, St Louis, MI, United States, 2006.

[86]PEDERSEN L. Damping added to floors by seated crowds of people[C]// Proceedings of SPIE-The International Society for Optical Engineering Smart Structures and Materials: Damping and Isolation, Damping and Isolation, San Diego, CA, United States, 2006, 6169.

[87]PEDERSEN L. Some implications of human-structure interaction[C]// Proceeding of the 31th IMAC: a Conference on Structural Dynamics, Garden Grove, CA, United States, 2013: 155-161.

[88]SIM J H H, BLAKEBOROUGH A, WILLIAMS M. Modelling effects of passive crowds on grandstand vibration[J]. Structures and Buildings, 2006, 159: 261-272.

[89]SIM J H H, BLAKEBOROUGH A, WILLIAMS M. Modelling of joint crowd-structure system using equivalent reduced-DOF system[J]. Shock and Vibration, 2007, 14(4): 261-270.

[90]SALYARDS K A, NOSS N C. Experimental evaluation of the influence of human-structure interaction for vibration serviceability[J]. Journal of Performance of Constructed Facilities, 2014, 28(3): 458-465.

[91]ZIVANOVIC S, PAVIC A. Probabilistic modeling of walking excitation for building floors[J]. Journal of Performance of Constructed Facilities, 2009, 23(3): 132-143.

[92]AGU E, KASPERSKI M. Influence of the random dynamic parameters of the human body on the dynamic characteristics of the coupled system structure-crowd[J]. Journal of Sound and Vibration, 2011, 330: 431-444.

[93]YAO S, WRIGHT J R, PAVIC A, et al. Forces generated when bouncing

or jumping on a flexible structure[C]//Proceeding of the 2002 International Conference on Noise and Vibration Engineering, ISMA, Leuven, Belgium, 2002: 563-572.

[94]YAO S, WRIGHT J R, PAVIC A, et al. Experimental study of human-induced dynamic forces due to bouncing on a perceptibly moving structure [J]. Canada Journal of Civil Engineering, 2004, 31(6): 1109-1118.

[95]YAO S, WRIGHT J R, PAVIC A, et al. Human jumping on flexible structures-effect of structural properties[C]//Proceeding of the 7th Biennial Conference on Engineering Systems Design and Analysis, Manchester, United Kingdom, 2004, 2:571-577.

[96]YAO S, WRIGHT J R, PAVIC A, et al. Experimental study of human-induced dynamic forces due to jumping on a perceptibly moving structure [J]. Journal of Sound and Vibration, 2006, 296:150-165.

[97]HARRISON R E, YAO S, WRIGHT J R, et al. Human jumping and bobbing forces on flexible structures: effect of structural properties[J]. Journal of Engineering Mechanics, 2008, 134(8): 663-675.

[98]REYNOLDS P, PAVIC A, IBRAHIM Z. A remote monitoring system for stadia dynamic[J]. Proceedings of the Institution of Civil Engineers: Structures and Buildings, 2004,157(6): 385-393.

[99]REYNOLDS P, PAVIC A. Vibration performance of a large cantilever grandstand during an international football match[J]. Journal of Performance of Constructed Facilities, 2006,20(3): 202-212.

[100]CIGADA A, CAPRIOLI A, REDAELLI M, et al. Vibration testing at meazza stadium:reliability of operational modal analysis to health monitoring purposes[J]. Journal of Performance of Constructed Facilities, 2008,22(4): 228-237.

[101]COMER A, BLAKEBOROUGH A, WILLIAMS M S. Grandstand simulator for dynamic human-structure interaction experiments[J]. Experimental Mechanics, 2010, 50:825-834.

[102]PARKHOUSE G, WARD L. Design charts for the assessment of grandstands subject to dynamic crowd action[J]. Institution of Structural Engineers, 2010,88(7): 27-34.

[103]JONES C A, PAVIC A, REYNOLDS P, et al. Verification of equivalent

mass-spring-damper models for crowd-structure vibration response prediction[J]. Canada Journal of Civil Engineering，2011,38:1122-1135.

[104]IBRAHIM Z, REYNOLDS P. Finite element modelling for evaluating the dynamic characteristic of a grandstand[J]. International Journal of Engineering and Technology，2007,4(2)：235-244.

[105]MANDAL P, JI T. Modeling dynamic behaviour of a cantilever grandstand[J]. Structures and Buildings，2003,157(SB3)：173-184.

[106]SAUDI G,REYNOLDS P, ZAKI M, et al. Finite-element model tuning of global modes of a grandstand structure using ambient vibration testing [J]. Journal of Performance of Constructed Facilities，2009,23(6)：467-479.

[107]YUAN J, HE L, FAN F, et al. Dynamic modeling and vibration analysis of temporary grandstand due to crowd-jumping loads[C]//Proceeding of the 9th International Conference on Structural Dynamics EURODYN 2014, Porto, Portugal，2014：1051-1057.

[108]LIU C, HE L, WU Z Y, et al. Experimental study on joint stiffness with vision-based system and geometric imperfections of temporary member structure[J]. Journal of Civil Engineering and Management，2018,24(1)：43-52.

[109]何林,刘聪,袁健,等. 大型临时看台桁架结构优化计算与稳定性分析[J]. 应用力学学报,2014,(5)：685-690.

[110]陈建英,方之楚. 人与结构相互作用动力学建模研究[J]. 振动与冲击,2007,26(6)：10-13.

[111]王海,周叮,王曙光. 人-梁相互作用动力学模型研究[J]. 工程力学,2010,27(5)：14-20.

[112]刘隆,谢伟平,徐薇. 均布人群对简支欧拉梁动力特性的影响[J]. 工程力学,2012,29(8)：189-194.

[113]秦敬伟,杨庆山,杨娜. 人体-结构系统静态耦合的模态参数[J]. 振动与冲击,2012,31(15)：150-157.

[114]杨予,杨云芳,洪震等. 人体站姿竖向振动等效单自由度模型参数研究[J]. 振动与冲击,2012,31(23)：154-157.

[115]何卫,谢伟平,刘隆. 人-板耦合系统动力特性研究[J]. 工程力学,2013,30(1)：295-300.

[116]高世桥,王栋,牛少华. 人-结构耦合系统动态特性分析[J]. 北京理工大学
学报,2013,33(3):234-237.

[117]付明科,叶茂,黄诗帆,等. 人与轻柔结构水平相互作用试验研究[J]. 科学
技术应用,2015,15(4):258-261.

[118]付明科,叶茂,曹文斌,等. 基于人-结构耦合振动试验的等效人体模型[J].
结构工程师,2015,31(2):194-202.

[119]王景涛,罗洪伯,杨波. 钢管临时看台事故原因分析及现场检测建议[J].
工程质量案例分析,2012,30(9):22-24.

[120]PERNICA G. Dynamic live loads at a rock concert[J]. Canadia Journal of
Civil Engineering, 1983, 10(2):185-191.

[121]娄宇,黄健,吕佐超. 楼板体系振动舒适度设计[M]. 北京:科学出版社,
2010.

[122]CHEN P, ROBERTSON I L. Human perception thresholds of horizontal
motion[J].Journal of the Structural Division, Proceedings of the Ameri-
can Society of Civil Engineers, 1972, 98(ST8):1681-1695.

[123]WISS J F, PARMELEE M. Human perception of transient vibrations
[J]. Journal of the Structural Division, Proceedings of the American So-
ciety of Civil Engineers, 1974,100(ST4):773-787.

[124]唐传茵,张天侠,宋佳秋. 基于烦恼率模型的振动舒适度评价方法[J]. 东
北大学学报,2006,27(7):802-805.

[125]TANG C Y, ZHANG Y M, ZHAO G Y, et al. Annoyance rate evalua-
tion method on ride comfort of vehicle suspension system[J]. Chinese
Journal of Mechanical Engineering, 2014, 27(2):296-302.

[126]周云鹏,宋佳秋. 基于烦恼率模型的高速列车动态舒适度评价方法[J]. 东
北大学,2013,34(11):1620-1624.

[127]袁爱民,吴文秀,徐敏,等. 基于烦恼率的人行桥振动舒适度评价研究[J].
水利与建筑工程学报,2013,11(4):135-140.

[128]申选召,滕军. 基于随机步行荷载和烦恼率的楼板振动舒适度评价方法研
究[J]. 振动与冲击,2012,31(22):71-75,95.

[129]李继孟. 某体育馆看台振动舒适度测试与分析[D]. 长沙:湖南大学,2012.

[130]潘荫齐. 哈尔滨会展中心体育场看台结构的舒适度研究[D]. 哈尔滨:哈尔
滨工业大学,2016.

[131]黎峥. 基于烦恼率模型的大型体育场看台结构的舒适度研究[D].哈尔滨:

哈尔滨工业大学，2017.

[132]建筑设计资料集编委会.建筑设计资料集 4:文化馆、电影院、剧场[M].3
版.北京:中国建筑工业出版社,2017.

[133]建筑设计资料集编委会.建筑设计资料集 7:体育场、体育馆[M].3 版.北
京:中国建筑工业出版社,2017.

[134]黄丽蒂.基于群集风险理论的体育建筑看台安全设计研究[D].哈尔滨:哈
尔滨工业大学,2014.

[135]宋志刚,金伟良.人对振动主观反映的模型随机性评价模型[J].应用基础
与工程科学学报,2002,10(3):287-294.

[136]宋志刚.基于烦恼率模型的工程结构振动舒适度设计新理论[D].杭州:浙
江大学,2003.

[137]宋志刚,金伟良.基于海冰区划的平台结构振动舒适度设计-容许加速度限
值[J].海洋工程,2005,23(2):61-65.

附　录

附录1　人体动力参数优化计算程序

```
loadbody
ms＝119;fs＝2.7;ks＝(2 * pi * fs)^2 * ms;drs＝0.073;cs＝2 * drs * ms * 2 * pi
* fs;
fh＝[0.5:0.1:4.0]';drh＝[0.3:0.1:0.5]';mh＝[0.7:0.1:1]';wh＝2 * pi. * fh;
wh2＝zeros(36,1);
for i＝1:36
    wh2(i,1)＝wh(i,1)^2;
end
mh＝mh * 350;kh＝mh * wh2';ch1＝2 * 0.3 * mh * wh';ch2＝2 * 0.4 * mh *
wh';ch3＝2 * 0.5 * mh * wh';
modelcd1＝zeros(18,27);A1＝zeros(4,36);errch1＝zeros(1,36);A2＝zeros
(4,36);
errch2＝zeros(1,36);A3＝zeros(4,36);errch3＝zeros(1,36);AA＝zeros(12,
36);
for s＝1:9
for p＝1:18
for i＝1:4
            M＝[ms 0;0 mh(i,1)];
for j＝1:36
            K＝[(ks+kh(i,j)) −kh(i,j);−kh(i,j) kh(i,j)];
C＝[(cs+ch1(i,j)) −ch1(i,j);−ch1(i,j) ch1(i,j)];A＝cat(1,cat(2,zeros
(2,2),eye(2)),cat(2,−inv(M) * K,−inv(M) * C));G＝eye(2);B＝cat(1,
zeros(2,2),−inv(M) * G);C0＝cat(2,eye(2),zeros(2,2));D＝zeros(2,2);
mass＝zeros(48001,3);mass(:,1)＝cda2(:,1);
```

```
mass(:,2)=(-cda2(:,s+1)) * vdvratio(p,1) * (ms+mh(i,1));
mass=mass';
                    savemnmass;
                    sim('twodof');
                    err1=zeros(48001,1);
for m=1:48001
                        err1(m,1)=abs(a1(m,3)-cda1(m,s+1))^2;
                        errch1(1,j)=sqrt(sum(err1)/48001);
end
                    C=[(cs+ch2(i,j)) -ch2(i,j);-ch2(i,j) ch2(i,j)];
A=cat(1,cat(2,zeros(2,2),eye(2)),cat(2,-inv(M) * K,-inv(M) * C));
                    G=eye(2);B=cat(1,zeros(2,2),-inv(M) * G);
                    C0=cat(2,eye(2),zeros(2,2));D=zeros(2,2);
                    mass=zeros(48001,3);
                    mass(:,1)=cda2(:,1);
mass(:,2)=(-cda2(:,s+1)) * vdvratio(p,1) * (ms+mh(i,1));
mass=mass';
                    savemnmass;
                    sim('twodof');
                    err2=zeros(48001,1);
for m=1:48001
                        err2(m,1)=abs(a1(m,3)-cda1(m,s+1))^2;
                        errch2(1,j)=sqrt(sum(err2)/48001);
end

                    C=[(cs+ch3(i,j)) -ch3(i,j);-ch3(i,j) ch3(i,j)];
A=cat(1,cat(2,zeros(2,2),eye(2)),cat(2,-inv(M) * K,-inv(M) * C));
                    G=eye(2);B=cat(1,zeros(2,2),-inv(M) * G);
                    C0=cat(2,eye(2),zeros(2,2));D=zeros(2,2);
                    mass=zeros(48001,3);
                    mass(:,1)=cda2(:,1);
mass(:,2)=(-cda2(:,s+1)) * vdvratio(p,1) * (ms+mh(i,1));
mass=mass';
                    savemnmass;
```

```
                sim('twodof');
                err3=zeros(48001,1);
for m=1:48001
                    err3(m,1)=abs(a1(m,3)-cda1(m,s+1))^2;
                    errch3(1,j)=sqrt(sum(err3)/48001);
end
end
                A1(i,:)=errch1;A2(i,:)=errch2;A3(i,:)=errch3;
end
        AA(1:4,:)=A1;AA(5:8,:)=A2;AA(9:12,:)=A3;
        [modelcd1(p,3*s-2),modelcd1(p,3*s-1)]=find(AA==min
(min(AA)));
        modelcd1(p,3*s)=min(min(AA));
end
end
```

　　程序中 A、B、C、D 分别为人群－临时看台二自由度系统状态变量,其中 C 对应程序中 C0。mn.mat 为振动台台面激励等效在临时看台上部的转换激励,共计 53 个。

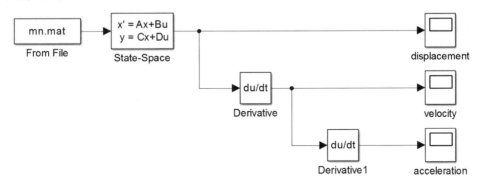

状态空间模型计算人群－临时看台二自由度体系

附录2 参数分析(仅给出了动态人群参数影响结构响应的计算程序)

```
loadactive
f1=2.7;c1=0.073;m1=1;%structure constant
f3=2;c3=0.4;%passive crowd constant
m3=[0.2,0.3,0.4,0.5]';%passive crowd mass
f2=[1.5,1.8,2.1,2.4,2.7,3.0,3.3]';%active crowd frequency 7*1
c2=[0.2,0.225,0.25]';%active crowd damping ratio 3*1
f2c2=f2*c2';%7*3
for m=1:9
for n=1:4
        M=[m1,0,0;0,1,0;0,0,m3(n,1)];
for s=1:3
for i=1:7 %
C=4*pi*[m1*f1*c1+f2c2(i,s)+m3(n,1)*f3*c3,-f2c2(i,s),-m3(n,
1)*f3*c3;-f2c2(i,s),f2c2(i,s),0;-m3(n,1)*f3*c3,0,m3(n,1)*f3*
c3];
K=4*pi*pi*[m1*f1*f1+f2(i,1)*f2(i,1)+m3(n,1)*f3*f3,-f2(i,1)
*f2(i,1),-m3(n,1)*f3*f3;-f2(i,1)*f2(i,1),f2(i,1)*f2(i,1),0;-m3
(n,1)*f3*f3,0,m3(n,1)*f3*f3];
A=cat(1,cat(2,zeros(3,3),eye(3)),cat(2,-inv(M)*K,-inv(M)*C));%
¼ÆËā¾ØÕóA
        G=eye(3);B=cat(1,zeros(3,3),-inv(M)*G);%¼ÆËā
¾ØÕóB
        C0=cat(2,eye(3),zeros(3,3));D=zeros(3,3);%¼ÆËā
¾ØÕóC0£¬D
        mass=zeros(2501,4);
        mass(:,1)=t;
        mass(:,2)=yy(:,m);%F(t)
        mass(:,3)=-yy(:,m);%-F(t)
        mass=mass';
```

```
savemnmass;
sim('twodof');
sq1=a1(:,2).^4;
v1=sum(sq1)*0.01;
vdv1=sqrt(sqrt(v1));
sq2=a1(:,3).^4;
v2=sum(sq2)*0.01;
vdv2=sqrt(sqrt(v2));
sq3=a1(:,4).^4;
v3=sum(sq3)*0.01;
vdv3=sqrt(sqrt(v3));
VDV1(i,s)=vdv1;
VDV2(i,s)=vdv2;
VDV3(i,s)=vdv3;
sm1=a1(:,2).^2;
rm1=sum(sm1)*0.01;
rms1=sqrt(rm1);
sm2=a1(:,3).^2;
rm2=sum(sm2)*0.01;
rms2=sqrt(rm2);
sm3=a1(:,4).^2;
rm3=sum(sm3)*0.01;
rms3=sqrt(rm3);
RMS1(i,s)=rms1;
RMS2(i,s)=rms2;
RMS3(i,s)=rms3;
p1=max(a1(:,2));
p2=max(a1(:,3));
p3=max(a1(:,4));
P1(i,s)=p1;
P2(i,s)=p2;
P3(i,s)=p3;

end
```

```
end
        VDV(:,((n-1)*9+1):n*9)=[VDV1,VDV2,VDV3];
        RMS(:,((n-1)*9+1):n*9)=[RMS1,RMS2,RMS3];
        PEAK(:,((n-1)*9+1):n*9)=[P1,P2,P3];
    end
    eval(['RESULTV',num2str(m),'=VDV',';']);
    eval(['RESULTR',num2str(m),'=RMS',';']);
    eval(['RESULTP',num2str(m),'=PEAK',';']);
end
```